Florence Anyangwe Fonteh
Bawe Mohamadou Nfor
Abdoulay Mfewou

Caraterísticas zootécnicas e qualidade da carne de bovino de raças autóctones

Florence Anyangwe Fonteh
Bawe Mohamadou Nfor
Abdoulay Mfewou

Caraterísticas zootécnicas e qualidade da carne de bovino de raças autóctones

ScienciaScripts

Cover image: www.ingimage.com

This book is a translation from the original published under ISBN 978-3-659-86074-4.

Publisher:
Sciencia Scripts
is a trademark of
Dodo Books Indian Ocean Ltd. and OmniScriptum S.R.L publishing group

120 High Road, East Finchley, London, N2 9ED, United Kingdom
Str. Armeneasca 28/1, office 1, Chisinau MD-2012, Republic of Moldova, Europe
Printed at: see last page
ISBN: 978-620-8-32374-5

AGRADECIMENTOS

Expressamos a nossa sincera gratidão a:

Pr NIBA AZIWO TATANJA e

Pr EDI PIASENTIER

Pelas suas contribuições científicas.

Índice

LISTA DE ABREVIATURAS E ACRÓNIMOS 3

RESUMO 5

INTRODUÇÃO 6

CAPÍTULO 1: REVISÃO DA LITERATURA 8

CAPÍTULO 2: MATERIAL E MÉTODOS 57

CAPÍTULO 3: RESULTADOS E DISCUSSÃO 64

CONCLUSÃO E RECOMENDAÇÕES 83

REFERÊNCIAS 85

APÊNDICES 96

LISTA DE ABREVIATURAS E ACRÓNIMOS

a*:	:	Redness colour
A.I.D.S	:	Acquired Immune Deficiency Syndrome
ANOVA	:	Analysis of Variance
b*	:	Yellowness colour
BCS	:	Body Condition Score
BUCREP	:	Bureau Central de Recensement et d'Etude de la Population
C18	:	Carbon with 18 chains
CAMRAIL	:	Cameroon Rail way
C.E.M.A.C	:	Communauté Economique et Monetaire d'Afrique Centrale
C.I.E	:	Commission International de l'Eclairage
C.I.P.E.A	:	Centre International pour l'Elevage en Afrique
C.L.A	:	Conjugated Linoleic Acid
C.W	:	Carcass Weight
D.F.D	:	Dark Firm Dry
E.U-27	:	European Union (27 States)
F.A.O	:	Food and Agriculture Organisation
GU	:	Gudali
H.P.A	:	Hypothalamic Pituitary Adrenocortical
I.L.C.A	:	International Livestock Center for Africa
I.L.R.I	:	International Livestock Research Institute
L*	:	Lightness
L.C	:	Lean Colour
L.I.V.E	:	Linking Institutions for Veterinary Education
MINEPIA	:	Ministère de l'Elévage, des Pêches et des Industries Animales
MUFA	:	Mono-Unsaturated Fatty Acids
n-3	:	Omega – 3
n-6	:	Omega – 6
pHv	:	pH value

P.U.F.A	:	Poly-Unsaturated Fatty Acids
R.D.I	:	Recommended Daily Intake
R.M	:	Red Mbororo
S.F.A	:	Saturated Fatty Acid
S.N.S	:	Sympathetic Nervous System
SODEPA	:	Société de Développement, d'Exploitation et des Productions Animales
Tb	:	Tuberculosis
USDA	:	United State Department of Agriculture
W.B.S.F	:	Warner Bratzler Shear Force
W.F	:	White Fulani
W.F.C	:	White Fat Colour
W.H.C	:	Water Holding Capacity
W.H.O	:	World Health Organisation
W.O	:	Whole Organs
Y.F.C	:	Yellow Fat Colour

RESUMO

Durante o período de janeiro de 2009 a março de 2012, 1953 bovinos de todos os Camarões foram selecionados no matadouro de Yaoundé e avaliados quanto à qualidade da carne. Os parâmetros utilizados para a avaliação incluíram o índice de condição corporal, a conformação da carcaça, a gordura, a cor, o valor do pH 24 horas após o abate e a composição química. A análise química foi efectuada em sessenta (60) touros zebuínos selecionados de três raças: 19 Gudali (GU), 20 White Fulani (WF) e 21 Red Mbororo (RM). As amostras foram analisadas no laboratório de carnes do matadouro SODEPA de Yaounde, no laboratório de nutrição animal da Universidade de Dschang e no laboratório de ciências da carne da Universidade de Udine - Itália. Mais de 99% dos bovinos estudados eram zebus, 45,6% dos quais eram GU, 33,3% WF e 20,2% eram RM. O principal meio de transporte dos animais para o matadouro foi o comboio (59,6%), camiões (39,0%) e caminhadas (1,4%). Os sistemas de criação de que provinham os bovinos incluíam a transumância (75,5%), o sedentarismo (07,0%), o nomadismo (0,70%) e a pecuária (16,8%). No total, 60,0% dos animais testados eram touros com um peso médio de carcaça de 134 ± 1,21 kg, 13,5% eram castrados com um peso médio de carcaça de 165 ± 3,04 kg, enquanto 1,9% eram novilhas com um peso médio de carcaça de 130 ± 3,72 kg e 24,6% eram vacas com um peso médio de carcaça de 130 ± 1,28 kg. O gado abatido da savana das Terras Altas da Guiné teve o pH mais baixo (5,68 ± 0,01), enquanto o gado da zona Sudano-Saheliana teve o pH mais alto (5,94 ± 0,20). A raça GU teve o pH médio mais baixo (5,69 ± 0,01) em comparação com o da raça Fulani Branca (5,71 ± 0,01). Relativamente à conformação da carcaça, 34,9% das carcaças foram classificadas como pobres, 45,9% foram classificadas como normais e 19,2% foram classificadas como carcaças regulares. A maior percentagem de carcaças classificadas como normais e regulares foi observada na raça Gudali, seguida da Red Mbororo e, por último, da White Fulani. Os resultados mostraram que a gordura da carcaça estava positivamente correlacionada (r=0,45) com o índice de condição corporal dos animais, com os valores mais elevados observados na raça Gudali. As inspecções veterinárias no abate levaram à condenação parcial de 7,6% das carcaças devido a várias patologias e à condenação de 0,97% das carcaças inteiras devido a tuberculose generalizada. Apesar de valores de pH semelhantes, a carne de bovino da GU era mais dura do que a das outras raças (WBSF médio = 86. IN) e tinha um teor proteico superior ao das outras raças. A carne de bovino GU tinha o teor mais baixo de ácido esteárico (Cl8), o teor mais alto de ácido linolénico (Cl8:3-3) e o nível mais baixo de ácidos gordos polinsaturados (PUFA). O perfil de ácidos gordos foi caracterizado pelos teores mais elevados de AGPI e de ácidos gordos monoinsaturados (AGMI). A GU também apresentou maior proporção de C18:3n-3, C22:5n-3, PUFAn-3 total, mas menor proporção de Cl 8:0 em comparação com a carne WF e RM. Independentemente da raça, as carcaças com gordura subcutânea de cor amarela tinham o vermelho mais vivo e a carne magra mais gorda, proporções mais elevadas de SFA e MUFA totais, mas proporções mais baixas de PUFAn-3 e PUFAn-6 totais do que as obtidas de carne de bovino com gorduras brancas. Com base no rácio PUFA/SFA, pode concluir-se que a carne de bovino produzida pelas três raças, especialmente a Fulani Branca, apresenta propriedades intrínsecas benéficas para a saúde. O valor relativamente baixo do pH da carne de bovino (5,69 ± 0,01) produzida nos Camarões indica que a carne de bovino camaronesa é de boa qualidade e está dentro dos padrões internacionais aceitáveis. Os resultados do presente estudo permitiram compreender melhor a influência das caraterísticas zootécnicas, do transporte e das condições sanitárias na qualidade da carne de bovino nos Camarões.

Palavras-chave: Conformação da carcaça, composição química, perfil de ácidos gordos, qualidade da carne, patologia, gado zebu e Camarões.

INTRODUÇÃO

O sector da pecuária nos países tropicais é um recurso enorme e valioso do qual centenas de milhões de pessoas dependem fortemente e que enfrenta pressões de mudança historicamente sem precedentes.

A produção pecuária representa atualmente cerca de 30% do valor bruto da produção agrícola em África. Setenta por cento das populações rurais pobres em África possuem gado, incluindo os pastores que vivem em zonas áridas e semi-áridas (ILRI, 2004). Destes, mais de 200 milhões dependem do seu gado para obterem rendimentos (venda de leite, carne, peles), bem como força de tração e estrume para as culturas. Sendo um meio fundamental de obter rendimentos para as mulheres e os sem-terra, o gado também fornece uma nutrição de alta qualidade para a família.

A produção e comercialização de gado é um sector importante da produção pecuária em muitos países africanos, incluindo os Camarões. O efetivo bovino nos Camarões é de cerca de 6 milhões de cabeças (MINEPIA, 2008). O Governo tem prestado especial atenção a esta área, mas quando comparado com outros países africanos que dependem principalmente da pecuária como principal fonte do seu crescimento económico, pode observar-se que ainda há muito a fazer.

Em muitas comunidades dos Camarões, o gado também desempenha um papel importante na vida religiosa e social (Syrstad, 2006). A educação agrícola e veterinária de qualidade é fornecida através do ensino, da investigação e da divulgação, o que assegura o aumento e a produção sustentável de alimentos e animais seguros e saudáveis para as economias dos Camarões e da sub-região da África Central, aliviando a pobreza e melhorando os meios de subsistência. Atualmente, existe uma grande disparidade entre o consumo médio de proteínas nos Camarões e o consumo de proteínas animais recomendado pela Organização das Nações Unidas para a Alimentação e a Agricultura. Estima-se que a ingestão média de proteínas nos Camarões per capita por dia seja de cerca de 13,2 g (sendo 6,8 g apenas de carne), o que coloca os Camarões entre os países com uma produção e um consumo muito baixos de proteínas animais por pessoa. Para fazer face à procura de proteínas animais nos Camarões, é necessário melhorar a produção de carne de bovino, que é relativamente baixa atualmente e cara, devido ao nível de alimentação relacionado com o fornecimento inadequado de alimentos, a incidência de doenças e o parasitismo. Foi também demonstrado que a má nutrição aumenta a suscetibilidade do gado a parasitas gastrointestinais (especialmente nemátodos e cestodes), que têm implicações económicas significativas (Knox *et al.,* 2006). Para satisfazer a elevada procura de carne de bovino e de outros produtos animais, a produção tem de aumentar em quantidade e qualidade. Outros aspectos ao longo da cadeia de valor, como o bem-estar dos animais, a salubridade, o manuseamento e a comercialização (transformação e distribuição) são de importância primordial.

A qualidade da carne é definida como os traços que o consumidor percepciona como desejáveis. Estas incluem caraterísticas visuais e sensoriais e caraterísticas de credibilidade de segurança, saúde e caraterísticas mais intangíveis, tais como "limpo" e "verde" ou o estatuto de bem-estar do sistema de produção. As caraterísticas importantes incluem: cor e textura da carne, cor da gordura, quantidade e distribuição da gordura, bem como a ausência de excesso de água no tabuleiro (Glitsch, 2000). Embora a cor da carne não seja um indicador direto da qualidade alimentar, a atração psicológica da cor vermelha brilhante torna-a um critério fundamental no ponto de compra. A cor pode ser alterada como consequência de certas práticas de manuseamento que podem afetar a aparência. Por exemplo, o stress antes do abate afecta o pH final da carne crua ao esgotar as reservas de glicogénio muscular. Se o glicogénio for esgotado por stress crónico a longo prazo antes do abate, forma-se menos ácido lático e a carne não acidifica normalmente, o que resulta num pH elevado da carne (Piasentier *et al.,* 2009). A cor da carne fresca é largamente determinada pelas proporções relativas e pela distribuição da oximioglobina e da metamioglobina (Seideman *et al.,* 1984). O pH da carne, tal como é afetado pela glicólise post-mortem no tecido muscular, tem uma profunda influência na qualidade da carne, uma vez que determina caraterísticas responsáveis pela transformação, adequação e atributos alimentares da carne (AMSA, 1978,). A carne escura é mais seca em comparação com a carne normal e tem uma durabilidade limitada. A carne de alta qualidade tem um pH final na ordem de 5,4. Um pH elevado é impróprio para a triagem, a confeção e a embalagem a vácuo da carne. Além disso, a carne com um pH final elevado é caracterizada por ter uma estrutura gomosa, uma capacidade reduzida de retenção de água e um sabor específico reduzido (Pethick *et al.*, 2008).

Paradoxalmente, existem também oportunidades incríveis de desenvolvimento sustentável, graças à enorme cultura e aos recursos naturais do país, cuja exploração racional poderia apoiar uma produção sustentável a médio e longo prazo, mas que não foram seriamente consideradas nas anteriores tentativas de desenvolvimento do sector da carne de bovino nos Camarões.

A fim de desenvolver eficazmente este sector, é necessário um conhecimento básico da qualidade atual da carne de bovino em relação à produção de gado no campo. Além disso, não existe atualmente documentação disponível sobre a qualidade da carne de bovino consumida nos Camarões. Pior ainda, não existe informação sobre a variação da qualidade da carne de bovino entre as raças de gado existentes no país. É neste contexto que este estudo foi concebido com o objetivo principal de investigar o efeito da raça na qualidade da carne de bovino proveniente de gado indígena abatido nos Camarões. Os objectivos específicos são investigar:

- o efeito do método de transporte na qualidade da carcaça;
- a influência de parâmetros zootécnicos selecionados (sistema de produção, idade, sexo, BSC, etc.) na qualidade da carne de bovino;
- o efeito da raça na composição química, na cor e na textura da carne de bovino (qualidade da carne de bovino);
- o efeito das patologias na qualidade da carcaça de bovinos de carne.

CAPÍTULO 1: REVISÃO DA LITERATURA

1- 1: Visão geral da área de estudo

Os Camarões estão situados entre as latitudes 2° e 13° a norte do equador e as longitudes 8° e 16° a leste do meridiano de Greenwich. O país faz fronteira a sul com o Congo, o Gabão e a Guiné Equatorial, a oeste com a Nigéria, a leste com a República Centro-Africana e o Chade e, finalmente, a norte com o Lago Chade (Figura 1). O território, de forma triangular, tem uma base de cerca de 700 km e uma altura de 1200 km. A superfície total é de aproximadamente 475000 km^2. A população dos Camarões tem crescido constantemente desde a realização do primeiro recenseamento da população do país, em 1976. De acordo com esse recenseamento, os Camarões tinham uma população de 7,5 milhões de habitantes, que aumentou para 10,4 milhões em 1987, 17,4 em 2005 e 19,06 em 2010. A atual taxa de crescimento anual desta população é de cerca de 2,6% (Bucrep, 2010).

Os Camarões têm 5 zonas agro-ecológicas principais (Figura 1) que são Savana Sudano-saheliana com precipitação monomodal de 900 mm a 1200 mm; 5-7 meses secos, 7-5 meses húmidos e 200 - 1000 m de altitude, a savana das terras altas da Guiné com precipitação monomodal de 1200 mm a 1500 mm, 4-5 meses secos e 8-7 meses húmidos e 1000 - 1400m de altitude, as terras altas ocidentais com precipitação monomodal de 2000 mm, 2-3 meses secos e 10-9 meses húmidos e 1000 m de altitude, a floresta húmida com precipitação monomodal de 2000 mm, 1 mês seco e 11 meses húmidos e 500 m de altitude e a floresta húmida com precipitação bimodal de 1500 mm, 3 meses secos, 9 meses húmidos e 500-900 m de altitude (Mboussi *et al.*, 2012).

Uma das caraterísticas marcantes dos Camarões é a sua diversidade, que lhe deu o nome de *África em miniatura*, o que significa que os Camarões são uma representação adequada de África em todas as dimensões. Do ponto de vista físico, os Camarões são um país com uma variedade de formas de relevo, tais como planícies costeiras, vários maciços vulcânicos, bacias sedimentares, planaltos extensos, bem como solos, climas e vegetação. Este ambiente natural variado deu origem a uma diversidade de actividades humanas, como a agricultura, a energia, a pesca e a exploração pecuária.

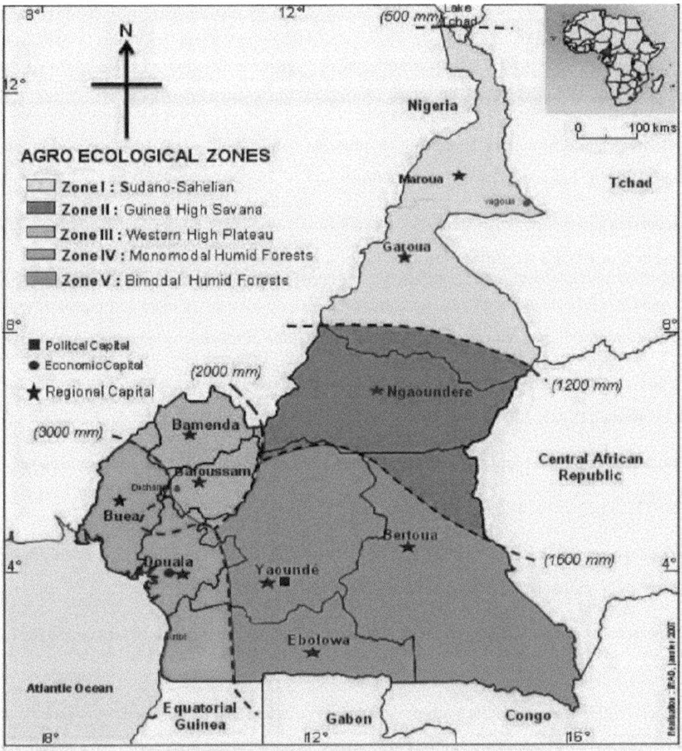

Figura 1: Mapa dos Camarões mostrando as cinco zonas agro-ecológicas (IRAD janeiro, 2007)

1- 2: Contexto concetual

1- 2-1: Definição dos termos

Bem-estar dos animais: Refere-se ao estado fisiológico ou bioquímico de um animal quando este tenta enfrentar ou responder a desafios internos ou a condições ante-mortem no momento da observação (Gregory, 1998; Gradin, 2001). Representa a saúde mental e física de um animal em relação ao seu ambiente. O bem-estar dos animais implica também a aplicação de práticas de criação sensatas e sensíveis aos animais da exploração. Um bom bem-estar dos animais tem um efeito positivo na produção animal.

Inspeção ante-mortem: - Qualquer procedimento ou teste realizado por uma pessoa competente em animais vivos para efeitos de julgamento da segurança e da adequação e disposição (FAO, 2004).

Carne de bovino: A carne de um novilho, touro, boi ou vaca adulto abatido e pronto para consumo (FAO, 2004).

Carcaça: O corpo de um animal depois de preparado (FAO, 2004).

O peso da carcaça é o peso refrigerado, 48 horas após o abate para as carcaças de bovino e 24 horas após o abate para as carcaças de suíno e de borrego. Estes períodos de refrigeração dão tempo suficiente para o desenvolvimento das principais perdas de peso e aproximam-se assim do peso vendável da carcaça. Parece haver pouca justificação para a utilização do peso da carcaça quente ou de um peso ajustado com base na percentagem de encolhimento padrão habitual do matadouro (Watson *et* *al.*, 2008).

Autoridade competente: - A autoridade oficial encarregada pelo governo do controlo da higiene da carne, incluindo o estabelecimento e a aplicação de requisitos regulamentares de higiene da carne (FAO, 2004).

Organismo competente: - Um organismo oficialmente reconhecido e supervisionado pela autoridade competente para levar a cabo actividades específicas de higiene da carne (FAO, 2004).

Pessoa competente:- Uma pessoa que tem a formação, os conhecimentos, as aptidões e a capacidade para desempenhar uma tarefa atribuída e que está sujeita aos requisitos especificados pela autoridade competente (FAO, 2004).

Condenado: - Examinado e julgado por uma pessoa competente, ou determinado de outra forma pela autoridade competente, como sendo inseguro ou impróprio para consumo humano e exigindo uma eliminação adequada (FAO, 2004).

A conformação refere-se à forma de contorno de uma carcaça, relacionada principalmente com a sua forma e volume de músculo exclusivo de gordura (FAO, 2004).

Custo de produção: Todas as despesas ou encargos associados à produção e comercialização do bem ou serviço (FAO, 2004).

Doença ou defeito: - Qualquer anomalia que afecte a segurança e/ou a aptidão (FAO, 2004).

Desinfeção: - A redução, por meio de agentes químicos e/ou métodos físicos, do número de microrganismos no ambiente, a um nível que não comprometa a segurança ou a adequação dos alimentos (FAO, 2004).

Preparação: - A separação progressiva do corpo de um animal numa carcaça e noutras partes comestíveis e não comestíveis (FAO, 2004).

Avaliação: Petit Robert (2005) define a avaliação como sendo o ato de determinar a quantidade ou o valor de algo (FAO, 2004).

Evisceração: - Remoção dos órgãos internos das cavidades abdominal e torácica de uma carcaça (FAO, 2004).

Exame: - Investigação pormenorizada, utilizando instrumentos clínicos como o estetoscópio ou o termómetro (FAO, 2004).

Alimentos para animais (matérias-primas para alimentação animal):- Qualquer matéria-prima simples ou múltipla, transformada, semi-transformada ou em bruto, destinada a ser fornecida diretamente aos animais produtores de alimentos (FAO, 2004).

O acabamento refere-se geralmente aos depósitos de gordura na carcaça, mas mais especificamente pode ser descrito como: (1) gordura externa ou subcutânea, (2) intermuscular, muitas vezes referida como gordura da costura, (3) intramuscular ou marmoreada e (4) gorduras internas, nomeadamente a renal e a pélvica (FAO, 2004).

Carne fresca:- Carne que, para além da refrigeração, não foi tratada para efeitos de conservação, a não ser através de embalagem protetora, e que mantém as suas caraterísticas naturais (FAO, 2004).

Inspeção: - Processo visual de observação; o objetivo é detetar animais que possam necessitar de ser examinados.

Carne: - Todas as partes de um animal que se destinam e foram consideradas seguras e adequadas para consumo humano (FAO, 2004).

Inspeção organoléptica: - Utilização dos sentidos da visão, do tato, do paladar e do olfato para a identificação de doenças e defeitos.

Produção: a produção pode ser definida como a capacidade de uma empresa gerar receitas (FAO, 2004).

PH: - Medida da acidez ou alcalinidade em soluções ou substâncias que contêm água. Valores de pH inferiores a 7 são considerados ácidos, enquanto valores de pH superiores a 7 são considerados alcalinos. Um valor de pH de 7 indica neutralidade. Os valores de pH estão relacionados com a concentração de iões de hidrogénio (H^+) na substância (FAO, 2004).

Inspeção post-mortem: - Qualquer procedimento ou teste realizado por uma pessoa competente em todas as partes relevantes de animais abatidos/mortos para efeitos de julgamento de segurança, adequação e disposição (FAO, 2004).

Vaca prenhe: Este é o estado de uma fêmea que carrega uma cria até ao nascimento ou parto (FAO, 2004).

Manuseamento pré-abate: - Todo o manuseamento dos animais desde a sua seleção para abate na exploração agrícola até ao ponto de atordoamento no matadouro (FAO, 2004).

Produção: O termo produção representa ao mesmo tempo a atividade que leva à realização de um bem ou serviço, o conjunto de bens ou serviços feitos ou criados durante um determinado período por um agente económico e o valor dos seus bens ou serviços (FAO, 2004).

Matadouro:- Qualquer estabelecimento onde animais especificados são abatidos e preparados para consumo humano e que é aprovado, registado e/ou listado pela autoridade competente para tais fins (FAO, 2004).

Abate: Este é o ato de matar animais para consumo humano (FAO, 2004).

Técnica: O termo técnica diz respeito àquilo que pertence a um domínio especializado de uma atividade ou conhecimento (FAO, 2004).

Salubridade:- Seguro para consumo humano de acordo com os seguintes critérios: foi produzido aplicando todos os requisitos de segurança alimentar adequados à utilização final pretendida; cumpre os critérios de desempenho e de processo baseados no risco para perigos especificados; e não contém perigos como resíduos químicos a níveis prejudiciais para a saúde humana nem microrganismos patogénicos. Adequado para consumo humano, de acordo com os seguintes critérios: foi produzido em condições higiénicas, tal como descrito no projeto de código de práticas higiénicas para a carne; é adequado à utilização a que se destina; e cumpre parâmetros baseados nos resultados para doenças ou defeitos especificados, tal como estabelecido pela autoridade competente (Nigel et al., 2006).

1-2-2: Origem e taxonomia dos bovinos

O gado foi domesticado pelo homem na Mesopotâmia e no Vale do Indo. Em seguida, foram introduzidos na Europa, no Extremo Oriente e em África, antes de serem exterminados na América e na Oceânia (CEDBT, 2004). Do ponto de vista zoológico, os bovinos pertencem ao reino animal:

Reino: Animal

Filo: Chordata

Classe: Mamíferos

Ordem: Artiodáctilos

Família: Bovidae

Género: *Bos*

Espécies: *indicus* (bovino de corcunda asiático)

taurus (bovinos europeus sem corcunda)

TERMINOLOGIA

Touro: adulto, macho intacto

Vaca: fêmea adulta que teve pelo menos um vitelo

Vitelo: jovem de qualquer sexo, com menos de um ano de idade

Novilha: fêmea jovem que ainda não teve a primeira cria

Boi: macho castrado com mais de um ano de idade

A subfamília bovidae é representada por vários géneros, dos quais os principais são

Género: Bos (Bos taurus e Bos indicus),

Género: Bibos *(Bibos gaurus, Bibosfrontalis, Bibos somdaicus),*

Género; Bison *(bisonte americano, bisonte europeu, bisonte asiático),*

Género: Bubalis *(Bubalus bubalus, Bubalus syncerrus coffa)*

(CEDBT, 2004)

1-2-3: Raças de gado bovino

1-2-3-1 Distribuição geográfica das raças de bovinos de carne no mundo

A distribuição geográfica de algumas raças bovinas identificadas em certas regiões do mundo é ilustrada no quadro 1 infra.

Quadro 1: Algumas raças de bovinos do mundo

Raça	Origem	Casaco	Peso dos adultos (kg)	
			Masculino	**Feminino**
Angus	Escócia	Preto ou uniformemente vermelho	1045	625
Louro Aquitânia	França	Creme ligeiramente dourado	1300	900
Charoláis	França	Branco ou creme	1100	700
Galloway	Escócia	Preto, louro ou vermelho	820 a 1100	525 a 600
Pardo-suíço	Alemanha	Castanho dourado / vermelho	1135	700
Hereford	Inglaterra	Vermelho acastanhado, cabeça vermelha	1100 a 1150	675 a 700
Terras altas	Escócia	Vermelho pálido, louvette	800 a 900	500
Limousin	França	Trigo dourado ou vermelho escuro	1100	635 a 725
Simental	Suíça	Amarelo com vermelho escuro	1140 a 1400	620 a 900
Piémontais	Itália	Amarelo, branco cinzento (adultos)	800 a 860	500 a 600

Fonte: Anderson, (1990)

O quadro 1 revela que o peso adulto das raças exóticas é muito superior ao das raças criadas em África.

1-2-3-2 Distribuição geográfica das raças bovinas em África

O quadro 2 abaixo mostra que os Zebus de África se encontram na zona Sudano-Saheliana enquanto os Taurins se encontram mais na zona Guineense. O peso adulto do gado criado em África é pequeno comparado com o das raças exóticas.

Quadro 2: Raças de gado criadas em alguns países africanos

Raça	Origem	Casaco	Peso adulto (kg)	
			Masculino	Feminino
Zebu Maure	Mauritânia	Preto puro, vermelho	300 - 350	250-300
Zebu Azawak	Mali e Níger	De cor fulvo	300 - 400	300-400
Zebu Gobra	Senegal	Preto puro, vermelho puro, branco sujo	330	330
Zebu Gudali	Camarões	Malhado de vermelho, preto puro	400 - 450	350-400
Zebu Choa	Chade	Vermelho, preto puro, vermelho puro	360	280
Zebu Ankole	Burundi, Uganda	Vermelho, Vermelho puro	365	365
Zebu Boran	Quénia, Etiópia	Isabel White	380 - 615	380-615
Taurin Ndama	Guinnea	Trigo e pálido velho	300 - 330	280-300
Taurin Muturu	África Ocidental	Preto, preto puro focinho escuro	150-200	150-200
Taurina Kouri	Chade	Isabel branca	400 - 600	300-400

Fonte: Anderson (1990)

1-2-3-3 Distribuição das raças bovinas nos Camarões

Raças locais

O quadro 3 abaixo mostra que os *Bos indicus* constituem cerca de 99% da população bovina dos Camarões. Os *Bos taurus*, que constituem menos de 1% da população bovina, estão ameaçados de extinção. São tolerantes ao tripano e, como tal, sobrevivem e reproduzem-se em zonas infestadas pela mosca tsé-tsé, daí a necessidade da sua preservação (Tchoumboue e Manjeli, 1991).

Quadro 3: Estimativa da distribuição das raças bovinas nos Camarões

Species	Race (Breed)	Percentage (%)
Zebus (Bos indicus)	Zebu Gudali	65
	Zebu Mbororo	34
Taurins (Bos Taurus)	Namshi, Kapsiki, Ndama, Kouri, Bakossi	≤ 1

Fonte: Tchoumboue e Manjeli (1991).

Para uma superfície total de 475000 km^2 , existe uma população bovina estimada em 6 milhões de bovinos criados em cinco zonas agro-ecológicas (MINEPIA, 2008) e com um efetivo de 20 bovinos/km^2 (Pamo, 2008).

1-2-3-4 Raças bovinas autóctones dos Camarões

Foram feitas tentativas para caraterizar algumas raças indígenas nos Camarões. Contudo, os dados disponíveis para essas raças são muito incompletos, enquanto outras raças foram completamente ignoradas. Assim, há necessidade de fornecer documentação sobre todas as raças. As raças autóctones que predominam são classificadas em três grupos muito amplos, sendo possíveis outras subdivisões: o Zebu com corcova; o pequeno cervico-torácico com corcova; e o taurino sem corcova. A população bovina indígena existente está geralmente bem adaptada para sobreviver e reproduzir-se no seu meio ambiente, devido a qualidades excepcionais, como a capacidade de ser mãe e de fazer caminhadas, a economia de água, a tolerância ao calor, a tolerância às doenças e a capacidade de viver com alimentos de baixa qualidade. No entanto, têm uma maturação tardia, taxas de crescimento fracas e baixa produção de leite, e produzem carcaças pequenas, mas têm boas caraterísticas genéticas para a produção de carne (Strydom, 2008). A figura dois abaixo mostra a distribuição das raças autóctones nos Camarões:

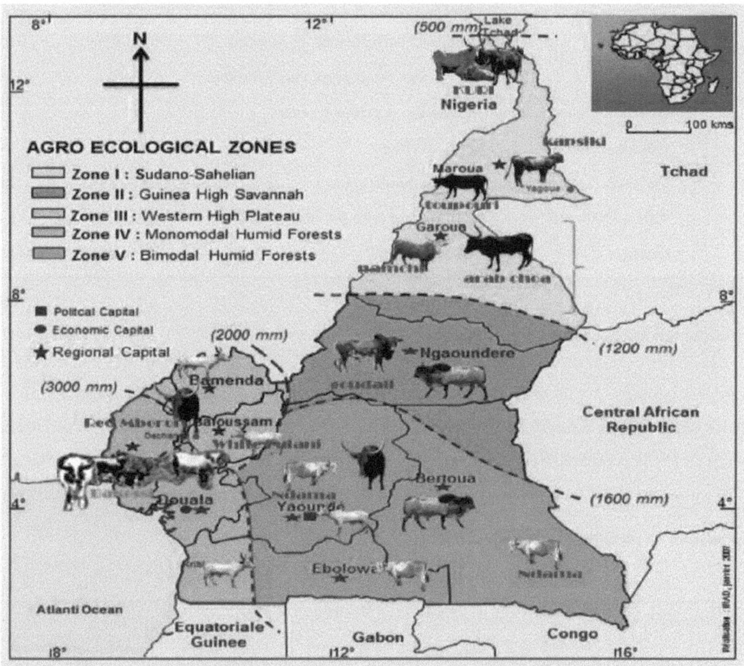

Figura 2: Mapa que representa a distribuição das raças bovinas nos Camarões (Bawe, 2012)

A. Tipos de zebu

A raça *Bos indicus* apresenta uma elevada resistência ao calor, às carraças e às doenças oculares. São raças de corcunda que suportam a escassez de água e podem viver com alimentos de baixa qualidade. Os zebuínos têm chifres em forma de lira e podem ser encontrados em várias cores. São criados para fins de carne e leite.

Gudali

Existem dois tipos distintos de Gudali nos Camarões. O Gudali de Ngaoundere e o Gudali de Banyo, coletivamente designados por Gudali de Adamawa. Gudali é uma palavra Hausa V: que significa gado de casco curto e pernas curtas. Não existem estimativas exactas da população de Gudali, principalmente devido ao movimento constante destes animais com o seu proprietário pastoril dentro e fora das suas zonas ecológicas e à sobreposição na distribuição dos diferentes subtipos (Tawah e Rege, 1996).

O Adamawa Gudali tem uma pelagem uniforme de cor creme, cinzento-claro, vermelho-pardacento, branco ou dun, a barbela e as pregas cutâneas são muito desenvolvidas e os cornos são curtos ou quase inexistentes. Embora o Adamawa Gudali seja estereotipado como ocorrendo principalmente na savana da Guiné, na realidade encontra-se atualmente distribuído por todo o país. Tem um carácter dócil e pode ser engordado para carne de bovino (Rege, 1994; Rege *et al.*, 1999). O Adamawa Gudali tem um bom potencial reprodutivo, com um peso médio dos vitelos à nascença de 16 kg e 18 kg para as fêmeas e os machos, respetivamente. O peso do adulto maduro é estimado em 350 a 560 kg para os machos e 300 a 350 kg para as fêmeas. A corcunda pendente é a caraterística que distingue de forma mais fiável o Gudali das outras raças. A percentagem de preparação da carcaça situa-se entre 50% e 55% e as peles do Gudali são muito mais pesadas do que as do Fulani branco (Ndi *et* a/.2006). A figura 1 abaixo mostra as imagens de um touro e de uma vaca gudali.

Figura 1 (a) Touro de GudaliFigura 1 (b) Vaca de Gudali

Figura 1: Fotografia de um touro e de uma vaca típicos de Adamawa Gudali (Bowe, 2011)

Mbororo vermelho ou Djafoun

O Mbororo Vermelho é a raça Fulani mais impressionante e é também conhecido como Fulani Vermelho, Rahaji ou Djafoun. É um animal de estatura média ou ligeiramente superior à média e possui chifres longos muito desenvolvidos. Distingue-se pela sua cor de pelagem castanha a mogno profundo, orelhas pendentes e chifres gigantes, longos e grossos (Ibeagha-Awemu e Erhardt, 2006). O pelo do corpo é vermelho-pardacento, sarapintado ou mosqueado, com um aspeto ósseo vigoroso, chifres grandes e duros.

São animais de vida livre/transumantes ou nómadas. Não recebem qualquer alimentação suplementar para além de sais minerais. As fêmeas são ordenhadas para consumo familiar e para venda e os novilhos são frequentemente utilizados para transporte. O principal tipo de produção é o abate de animais com mais de 4 a 6 anos de idade. Tendo em conta o seu grande porte, considera-se que fornece carcaças pesadas mas com fraco rendimento em carne. São animais de temperamento elevado e de carácter agressivo. O peso médio ao parto é de 15 kg para ambos os sexos e o peso adulto maduro pode ser de 350 a 500 kg e de 360 a 450 kg para machos e fêmeas, respetivamente (Tawah *et al.*, 1993). A percentagem de preparação da carcaça de bovinos é de 40 a 50%. A figura 2 abaixo mostra as imagens de um touro e uma vaca típicos de Mbororo Vermelho criados em pastagem natural na região Noroeste dos Camarões.

Figura 2: Fotografia de um touro e vaca típicos de Mbororo Vermelho da Região Noroeste Esquerda: Touro de Mbororo Vermelho, direita: Vaca Mbororo Vermelha (Bawe, 2011).

Fulani branco ou Akou ou Bunaji

A cor da pelagem do Fulani branco é geralmente branca sobre a pele preta, com orelhas, olhos, focinho, cascos, pontas dos cornos e ponta da cauda pretos. A corcunda torácica, ou por vezes intermédia, e a barbela são bem desenvolvidas. A cabeça é longa, larga na testa e com um aspeto reto ou côncavo. A altura média do garrote do adulto é de 130 a 150 cm. Os Fulani brancos são, em geral, bovinos mais altos e mais estreitos. A garupa é de bom comprimento, mas tem uma inclinação acentuada de gancho para osso de alfinete. O úbere é bem desenvolvido, com uma boa forma e uma fixação forte. As tetas estão bem posicionadas e são de tamanho médio a razoavelmente grande.

Está adaptada a percursos de longa distância no maneio pastoril, é tolerante e menos resistente à *tripanossomíase*. O Fulani branco representa 33% da população bovina nacional dos Camarões. Utilizados para leite, carne e tração, são bons animais de carne, que engordam bastante bem em forragens e em pastagens naturais. A idade média do primeiro parto é de 40 a 49 meses e o intervalo entre partos é de 403 dias (13-15 meses). O peso médio ao nascer é de 20 a 25 kg, o peso adulto dos touros e das vacas no sistema melhorado de maneio é de 350 a 665 kg e de 250 a 380 kg, respetivamente (Tawah e Rege, 1996). A percentagem de preparação da carcaça é de 50 a 60%.

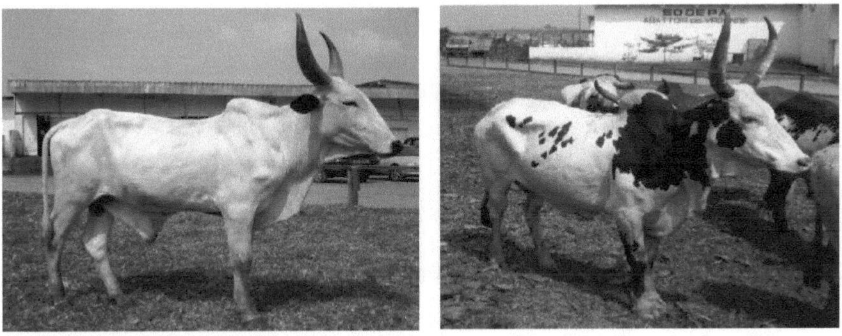

Picture.3 (a) Fulani Bull Picture.3 (b) Fulani Cow

Imagem 3: Fotografia de um touro e uma vaca Fulani brancos (Bawe, 2011)

Wadara ou Choa ou Arabe

Encontrado apenas na região do Extremo Norte, precisamente em Kousseri, Maga e Mora. Os bovinos são de tamanho médio, de constituição ligeira e, geralmente, de cor vermelha escura, preta, pied ou castanha. São de casco curto e têm uma pequena corcunda erecta. São frequentemente designados na literatura por Shuwa, em homenagem aos árabes Shuwa que também os pastoreiam. Têm um temperamento dócil e podem ser utilizados para leite e carne. A idade média ao primeiro parto é de 3 a 4 anos, com um intervalo entre partos de 10 a 18 meses. O peso médio ao nascer é de 21 kg e o peso adulto dos touros e das vacas é de 350 a 500 kg e de 250 a 300 kg, respetivamente. Tem uma percentagem de penso de 48 a 50%.

Picture.4 (a) Choa Bull Picture. 4(b) Choa Cow

Figura 4: Fotografia de um touro e uma vaca Choa de Kousseri (Bawe, 2006)

Toupouri

Encontrados ao longo das planícies fluviais de Logone, Mayo Danay e Mayo Kani, na região do Extremo Norte, são de constituição ligeira, com chifres de comprimento médio, dóceis, de pelagem preta e cara branca ou manchada de branco. São cerca de 3000 cabeças que estão em risco de extinção e desempenham um papel tradicional/social na Massa e no Toupouri no pagamento do preço da noiva. É um excelente animal para a produção de carne de bovino e necessita de medidas especiais de conservação nos Camarões.

Picture.5 (a) Toupouri Bull

Picture.5 (b) Toupouri Cow

Figura 5: Fotografias de um touro e de uma vaca Toupouri típicos (Bawe, 2011)

B. Taurinas

Trata-se de bovinos sem corcunda, geralmente descritos por muitos cientistas como tripanotolerantes. Têm um corpo pequeno e uma conformação em bloco, com membros curtos e de ossos finos. Têm um corpo compacto, sem corcunda, um dorso reto e uma cabeça larga. Os cornos são muito curtos. Os taurinos apresentam uma grande variedade de pelagens, geralmente de cor pied, nomeadamente preta, mas também de cor vermelha ou tricolor.

Também se observa uma pelagem de cor uniforme, maioritariamente preta, mas por vezes cinzenta (Hanotte et al., 2000).

Os taurinos são agressivos e capazes de se adaptar a condições patológicas adversas e difíceis. As seguintes taurinas são encontradas nos Camarões:

Kuri

O kuri é um animal de grande porte, sem corcunda e de chifres longos, cuja origem histórica exacta é desconhecida (Meghen *et al.*, 1999). O kuri tem chifres distintivos, insuflados e esponjosos, desconhecidos nas outras raças, com uma altura média de 1,3 m a 1,5 m e um peso adulto de cerca de 550 kg nos machos e de 400 a 500 kg nas fêmeas. É uma das maiores raças de bovinos africanos. Os Kuri do Lago Tchad são conhecidos pelas suas cores extremamente variáveis e pela sua capacidade de se desenvolverem em condições semi-aquáticas e de resistirem às moscas que picam. A idade média do primeiro parto é de 2,5 a 4 anos, com um intervalo médio entre partos de 15 a 18 meses. O peso de um vitelo é, em média, de 25 kg para

para os machos e 22,5 kg para as fêmeas. A percentagem de vestuário é de 50%.

Picture.6 (a) Kuri Bull

Picture.6 (b) Kuri Cow

Imagem 6: Fotografia de um touro e uma vaca Kuri ao longo da bacia do lago Tchad (Bawe, 2011)

Kapsiki

Criado na zona do monte Mandara, na Região do Extremo Norte, por agricultores como atividade secundária, o Kapsiki tem uma altura de 1,0 m a 1,10 m. É de tamanho pequeno, com chifres curtos e a cor da pelagem é predominantemente preta ou preta pied. São utilizados pela população em ritos tradicionais (Ebangi, *et al.*, 2011). Tem uma população estimada em 3300 efectivos e é uma espécie ou raça em risco de extinção, com uma idade média ao primeiro parto de 25 a 42 meses e um intervalo médio entre partos de 14 a 18 meses. O peso adulto maduro é de 200 a 250 kg e 180 a 230 kg nos machos e fêmeas, respetivamente, e com uma percentagem média de acabamento de carcaça de 48 a 58%.

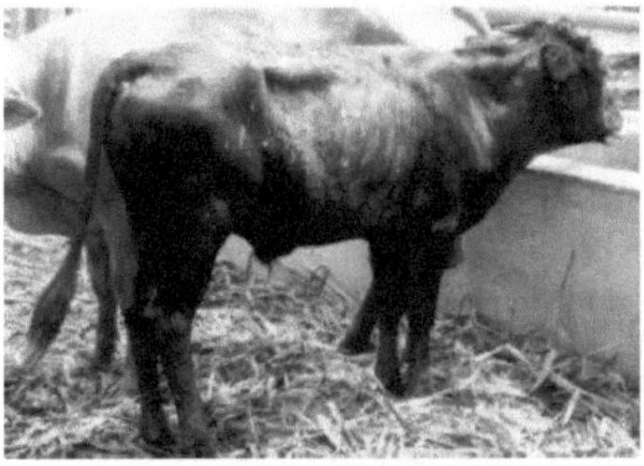

Picture.7 (a): Kapsiki Bull

Picture.7 (b): Kapsiki Cow

Imagem 7: Fotografia de um touro e uma vaca Kapsiki (Bawe, 2011)

Namchi ou Doayo ou Poli

Namchi encontra-se tradicionalmente no sopé noroeste das Montanhas Poli, na Região Norte dos Camarões, a cerca de 400 km a sul do Lago Tchad e ocupa a área da Savana Poli Sudan (Eveline, *et al.* 2004). Tem uma população de gado estimada em 3100. São animais de pequeno porte, com uma altura média de 97 cm a 110 cm, com chifres curtos e uma pelagem predominantemente preta, uma idade média ao primeiro parto de 25 a 42 meses e um intervalo médio entre partos de 12 a 18 meses. O peso adulto maduro situa-se entre 180 e 200 kg e 150 e 180 kg nos machos e nas fêmeas, respetivamente, e com uma percentagem média de acabamento da carcaça de 48% a 60% (Ndi *et al,* 2006).

Picture.8 (a): Namchi bull

Picture.8 (b): Namchi cow

Imagem 8: Fotografia de um touro e uma vaca Namchi (Bawe, 2011)

Bakossi

Trata-se de animais de pequeno porte (102 cm -110 cm) que se encontram na zona de Bakossi, na região Sudoeste, especialmente em torno do Monte Manengouba. A raça Bakossi, tal como as outras taurinas, é tripanotolerante, o que lhe permitiu adaptar-se às florestas húmidas monomodais infestadas de mosca tsé-tsé das regiões do Litoral e do Sudoeste. Assemelham-se aos Kapsiki em todos os aspectos (chifres curtos, conformação do corpo, cor, etc.). A raça está estimada em 1000 a 1300 efectivos e enfrenta uma séria ameaça de extinção, tal como os Kapsiki e os Namchi.

Com uma idade média ao primeiro parto de 24 a 42 meses, um intervalo médio entre partos de 12 a 18 meses, o peso adulto maduro é de 180 a 200 kg e de 150 a 180 kg nos machos e nas fêmeas, respetivamente, e com uma percentagem média de acabamento da carcaça de 48% a 60% (Ndi *et al,* 2006).

Figura 9: Fotografia de um touro e uma vaca Bakossi (CIPEA-1979 in Blench 1999) (Esquerda: Touro, Direita: Vaca)

Bakweri

O anão de chifre curto da África Ocidental ou Bakweri tem um corpo pequeno e uma conformação em bloco, com membros curtos e de ossos finos, e uma altura média de 95 a 100 cm. Trata-se de uma raça em risco de extinção na região sudoeste, com um efetivo pecuário estimado em 800 a 1300 cabeças. A maior população de Bakweri ou Muturu pode ser encontrada na Nigéria, especialmente no Sul/Centro da Nigéria. O Muturu é geralmente preto ou preto e branco (Blench, 1999).

Ndama

O seu corpo é compacto e de tamanho médio, com chifres pretos em forma de lira e sem corcunda. O macho tem uma pequena barbela, mas a cabeça é bastante grande. O gado Ndama foi vendido a agricultores e pastores com o objetivo de melhorar a resistência dos rebanhos locais à *tripanossomíase.* Na maioria dos casos, os pastores cruzam-nas com Zebu e atualmente existem poucas raças puras de Ndama. Na região Este, especialmente em Lorn e Djerem, a raça Ndama continua a apresentar um carácter selvagem. O peso médio dos vitelos é de 12 a 8 kg e o peso do adulto maduro é de 300 a 350 kg e 250 kg nos machos e nas fêmeas, respetivamente, e a percentagem média de preparação da carcaça é de 48% a 55% (Ndi *et al,* 2006). A idade média do primeiro parto e o intervalo entre partos ainda não foram registados. Abaixo encontram-se fotografias que mostram um touro e uma vaca de Ndama.

Picture.10 (a) Bull of Ndama

Picture.10 (b) Cow of Ndama

Imagem 10: Fotografia de um touro e uma vaca Ndama (Bawe, 2011)

Baoule

Animais importados da Costa do Marfim. São taurinos de pequeno porte, com uma altura média de 0,9 m a 1,10 m, chifres curtos, pelagem preta ou amarela pied. O gado de Baoule foi cruzado com outras raças locais com o objetivo de melhorar a sua resistência. A idade média do primeiro parto é de 24 a 36 meses, com um intervalo médio entre partos de 17 meses. O peso médio à nascença é de 12 a 16 kg e o peso adulto maduro é de 150 a 250 kg e de 120 a 180 kg nos machos e nas fêmeas, respetivamente, e com uma percentagem média de acabamento da carcaça de 48% a 60% (Ndi *et al,* 2006).

Imagem 11: Fotografia do touro e da vaca Baoule do CIPEA-1979

1.2.3.4: Raças bovinas exóticas nos Camarões

Atualmente, nos Camarões, existem algumas raças de gado estrangeiras isoladas, como o Brahman, o Holstein Friesian e o Simmental, etc. As raças puras são raras, mas os cruzamentos com as raças locais são mais comuns nas três regiões do Norte, no Noroeste e no Oeste.

Organizações não governamentais como a Heifer Project International, etc., têm desempenhado um papel importante na importação de gado exótico para posterior distribuição a agricultores organizados localmente. O avanço tecnológico na produção e a procura de materiais genéticos de alta qualidade tornaram necessário o recurso à inseminação artificial nos Camarões, onde as raças exóticas são cruzadas com as raças locais.

1-2-4: Sistemas de produção de gado nos Camarões

Existem diferentes sistemas de criação de gado, que desempenham diferentes papéis nas sociedades africanas actuais. Nos Camarões, podemos distinguir quatro grandes sistemas de criação de gado. Estes sistemas de produção diferem de acordo com a intensidade da utilização da terra, que varia entre tipos de utilização intensiva e extensiva da terra. As diferenças são de acordo com o nível de factores de produção e a diversidade dentro do sistema. Em certa medida, os sistemas de produção variam entre os de subsistência, com poucos factores de produção e elevada diversidade, e os comerciais, com muitos factores de produção e baixa diversidade. Cada um destes quatro sistemas tem os seus próprios objectivos específicos, potencialidades, limitações e direitos de existência (Katrien *et al.*, 2008).

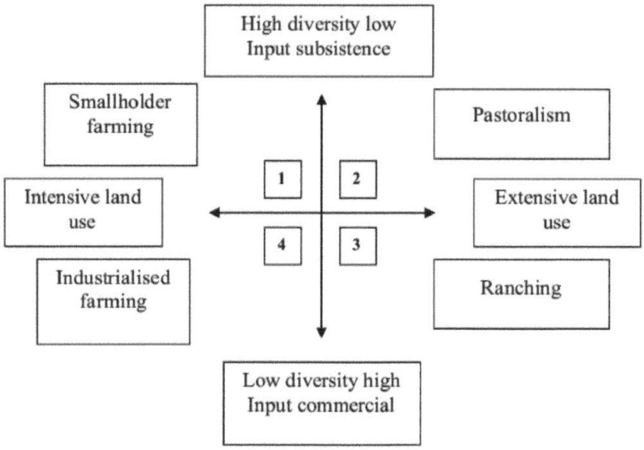

Figura 3: Diferenciação entre quatro grandes sistemas de produção animal
Fonte: Katrien *et al.*, 2008

Sistemas pastorais 1-2-4-1

A exploração extensiva das zonas pastoris foi possível nos Camarões desde que a densidade do gado, em estreita correlação com a população humana, permitiu que cada grupo utilizasse a sua própria zona pastoral. Embora a transumância seja sempre imposta pelas condições climatéricas, os pastores regressam todos os anos às suas terras com os mesmos recursos para explorar.

Pastores transumantes

Os pastores transumantes têm uma casa e uma base permanentes onde os membros mais velhos da família permanecem durante todo o ano. Deslocam-se em resposta às mudanças sazonais na qualidade do pasto e, em certa medida, aos desafios das moscas mordedoras (moscas tsé-tsé). Os pastores transumantes cultivam principalmente para uso próprio e não para o mercado. Os homens levam a maior parte dos rebanhos em busca de pasto, mas deixam os membros mais velhos da família ou da comunidade com um núcleo de vacas em lactação. Regressam no início da estação das chuvas para ajudar no cultivo das culturas. A maior parte dos pastores transumantes da região de Nkambe Central, no Noroeste do país, têm direitos de pastagem tradicionalmente atribuídos, mas muitas vezes estão a ser forçados a ir para o sul devido à seca extrema ou à pressão populacional nas suas áreas de origem.

A transumância é tradicionalmente necessária, uma vez que os animais beneficiam dos potenciais forrageiros regionais, variam o tipo de forragem e a água de diferentes pontos de abeberamento, ao mesmo tempo que beneficiam dos depósitos salinos da zona. (Tchoumboue e Manjelli, 1991). Gbeungba (1994) revela que a transumância também é praticada por alguns ranchos onde o número de gado não corresponde às necessidades de pasto dos animais durante a estação seca.

Pastores nómadas

O nomadismo caracteriza-se pela deslocação permanente dos pastores e do seu gado em busca de água e de pasto. O único produto da criação extensiva, para além de uma pequena produção de leite para a família, é a carne de vaca para o talho. Estes animais são os zebus rurais e resistentes, adaptados às condições adversas do meio e às longas caminhadas, respetivamente. Como vantagem, oferece a possibilidade de os animais pastarem em pastagens cultivadas em diferentes tipos de composição do solo e, assim, evitarem a falta de elementos nutritivos (Tchoumboue e Manjeli, 1991).

Hoje em dia, nos Camarões, este sistema é menos abundante ou foi há muito abandonado pelos nómadas Fulani devido à mudança de mentalidade, à necessidade de um melhor estilo de vida e aos esforços do governo para promover melhores oportunidades de criação de gado. O aumento da população e a escassez de terras também têm sido um fator importante.

Pecuária

Uma criação de gado ao ar livre, baseada na exploração exclusiva das pastagens, geralmente naturais. Utilização mínima de mão de obra para o acompanhamento quotidiano dos animais. A deslocação dos animais é limitada às terras demarcadas e os animais são objeto de cuidados veterinários absolutos. Nos ranchos governamentais ou institucionais, existe um elevado nível de gestão, especialmente no que diz respeito ao controlo de parasitas, saúde e nutrição. Para além de pastagens melhoradas, feno e silagem conservados, são utilizados na alimentação dos animais concentrados de o iten, tais como milho, cominho da Guiné, amendoim e bagaço de algodão. São disponibilizadas estruturas zootécnicas, tais como molheiras, pulverizadores, trituradores de gado, balança, represas, bebedouros, máquinas pesadas para abrir estradas para as várias partes do rancho e, em grande medida, acomodações para os trabalhadores do rancho. Num tal sistema, espera-se um nível de desempenho mais elevado.

Existem três grandes ranchos nos Camarões geridos pela SODEPA: o rancho de FARO em Adamawa, o rancho de NDOKAYO no Leste e o rancho de DUMBO/JAKIRI na região Noroeste dos Camarões. Existem também vários ranchos privados, incluindo a African Pastoral Company (A.P.C) em Adamawa, o Rancho Plateau e o Rancho Ngoundaba no Noroeste, o Rancho Pastoral Djuttitsa em Dschang, o Rancho Rock Farm de Santa, o Rancho Ndawara no Noroeste e o Rancho Pastoral de Goundjel em Ngaoundere.

1-2-4-2 Sistemas semi-intensivos

Trata-se de um sistema em que o gado é criado exclusivamente para ser utilizado como força ou tração. A tração animal limita-se, em grande medida, à lavoura e baseia-se, geralmente, em gado estabulado/alimentado mantido no recinto. Esta prática é mais comum nas regiões do Norte dos Camarões do que em qualquer outra região de criação de gado. Nestas regiões do país, a tração animal está normalmente integrada em sistemas de cultivo de cereais de sequeiro, à base de milho, sorgo, painço, leguminosas e legumes.

Sistema intensivo 1-2-4-3

Este sistema é praticado nos Camarões noutros sectores da pecuária, como o sector avícola nas zonas urbanas e semi-urbanas. Este sistema é puramente comercial, de grande escala, intensivo e especializado, baseado em factores de produção elevados (finanças e outros recursos). Utiliza-se pouca terra, uma vez que a maior parte dos alimentos para animais é trazida de outros locais, e também é necessária pouca mão de obra devido à utilização de maquinaria. Este sistema recebe muita atenção dos decisores políticos, investigadores, serviços de extensão e administrações educativas.

Sedentário

Trata-se de um sistema em que o gado é deslocado por distâncias muito curtas, uma vez que beneficia dos resíduos de cozinha e dos restos da exploração agrícola após a colheita. A disponibilidade de pontos de abeberamento apresenta poucos problemas, uma vez que o gado não tem de se deslocar para longe em busca de água e a utilização de sal de cozinha e/ou natrão como complemento é frequente. O gado é criado por um pastor pago ou por um membro da família. O sistema sedentário é praticado maioritariamente nas zonas agrícolas. De acordo com Njoya, *et al.*, (1997), os rebanhos de gado são de menor dimensão, começando por um par de animais até um décimo (menos de vinte cabeças).

1-2-4-4 Modelo alargado

O sistema puramente extensivo é caracterizado por uma mão de obra reduzida ou subempregada, uma baixa produtividade e a utilização de um espaço muito grande de terra, especialmente no nomadismo e na transumância. (Planchenault, 1992)

O quadro 4 mostra que a criação de bovinos se baseia principalmente em sistemas agrícolas extensivos. Os sistemas extensivos intensivos e extensivos melhorados são marginais, pelo que são praticados por muito poucos criadores. (Tchoumboue e Manjeli, 1991). O sistema de produção de gado nos Camarões é determinado por uma alternância de estações secas e chuvosas. Trata-se de um conjunto de elementos e interações variáveis organizados pelos criadores de gado com vista a valorizar os recursos disponíveis no terreno. (Teleu, 2008).

Quadro 4: Distribuição do efetivo bovino em função dos sistemas de produção nos Camarões

Sistema de produção	Percentagem nacional de gado
Puramente extensivo	
Nomadismo	19-20
Transumância	80
Sedentário	±1
Pecuária	Marginal
Intensivo	Marginal

Fonte: Tchoumboue et Manjeli, 1991

1-2-5: A importância da criação de gado

1-2-5-1: Taxa de crescimento dos bovinos

O quadro 5 apresenta a evolução do efetivo bovino no mundo de 2001 a 2006. Revela que o efetivo pecuário mundial registou uma taxa de crescimento global anual de 4,33% no período de 5 anos compreendido entre 2001 e 2006. A classificação do efetivo bovino por regiões coloca a Ásia no topo, seguida da América do Sul. A Oceânia ocupa o último lugar da classificação.

Quadro 5: Taxa média de crescimento do efetivo bovino no mundo em 2001 e 2006 (milhões de cabeças)

S/N	Região	Ano		Crescimento médio anual após 5 anos (%)
		2001	2006	
1	Ásia	457.537	628.95	6.31
2	América do Sul	315.374	397.89	4.63
3	África	447.42	252.63	2.1

4	América do Norte	114.074	115.79	0.3
5	Europa	101.568	126.31	4.34
6	Oceânia	38.072	36.84	-0.66
7	**Mundo**	**1.254.045**	**1.558.410**	**4.33**

Fonte: FAO 2007

Em África, o efetivo pecuário registou uma taxa de crescimento de 2,1% por ano durante o mesmo período. Esta taxa de crescimento continua a ser fraca em comparação com a taxa de crescimento de 4,0% preconizada por Ibrahim e Olaloku (2000) para satisfazer a procura de carne (bovina) e de leite por parte da população em crescimento.

1-2-5-2: Distribuição do gado nos Camarões

A população bovina dos Camarões está estimada em 6 milhões de cabeças (MINEPIA, 2008).
A distribuição quantitativa por zonas geo-climáticas é apresentada no quadro 6.

Quadro 6: Distribuição do gado por zonas agro-climáticas nos Camarões

Zonas Agro-Climáticas	% de efectivos (bovinos)
Sudano-Saheliano	38
Guiné Savana de terras altas	40
Litoral e montanha	14
Equato-guineense	8

Fonte: Tchoumboue e Manjeli (1991).

A zona Sudano-Saheliana é favorável à criação de gado. Apesar da ternura dos seus recursos naturais, esta zona oferece um espaço que não favorece a proliferação da mosca tsé-tsé. Entretanto, atinge a sua capacidade máxima de acolhimento com 38% do efetivo bovino natural e 54% dos pequenos ruminantes. A consequência é que a deslocação dos efectivos bovinos continua a ser o meio mais adequado e eficaz para gerir a distância.

A zona de savana alta guineense é muito favorável à criação de gado (40%). Esta zona está repleta de um denso coberto herbáceo que oferece aos animais um pasto abundante. A humidade é relativamente elevada durante a estação das chuvas e o valor nutritivo do pasto diminui durante a estação seca, o que leva à deslocação dos rebanhos de gado. Os Gudali são a raça mais importante nesta zona (região de Adamawa). A região do Equador-Guiné é menos favorável à criação de gado (08%). A humidade associada ao calor e, além disso, a tripanossomíase (doença do sono) constituem os principais constrangimentos à criação de gado nesta zona. Na zona costeira e montanhosa, encontramos poucas actividades de criação de gado. Esta zona é povoada principalmente por agricultores que não integram os animais nos seus sistemas agrícolas. Estes agricultores disputam as terras com os criadores de gado. A fertilidade é frequentemente degradada devido à exploração excessiva.

As estimativas do MINEPIA durante as campanhas de vacinação do gado nos Camarões (Minepia, 2008) mostraram que a população bovina cresceu de 5,6 milhões de efectivos em 2001 para 6 milhões de efectivos em 2008. Estes resultados não reflectem a realidade porque se basearam apenas na contagem de animais vacinados; no entanto, mostram uma queda drástica do número efetivo de bovinos nos Camarões.

1-2-6: Produção de carne de bovino

1-2-6-1: Produção de carne de bovino no mundo

A produção de carne de bovino no mundo acompanha a evolução da pecuária e está a aumentar. Em 2006, atingiu uma produção de 64.250.000 toneladas de carcaça de bovino com picos na América do Norte, no Brasil, na União Europeia (27 Estados) e na China (FAO, 2007). Em 2007, registou um aumento de 2%, praticamente o dobro da evolução do gado bovino, que foi de 1% (FAO, 2007). Esta evolução é apoiada pela elevada taxa de crescimento registada em alguns países como o Brasil, a China, a Austrália e a Nova Zelândia. Pelo contrário, a produção diminuiu na Rússia e no Uruguai e manteve-se estável nos Estados Unidos. A elevada procura por parte dos exportadores nos mercados asiáticos esteve na origem do aumento do número de abates nos últimos anos, enquanto noutros países, como o Uruguai, o número de abates diminuiu, como política de reconstituição do efetivo pecuário. A Figura 4 ilustra a distribuição da produção de carne de bovino no mundo em 2006.

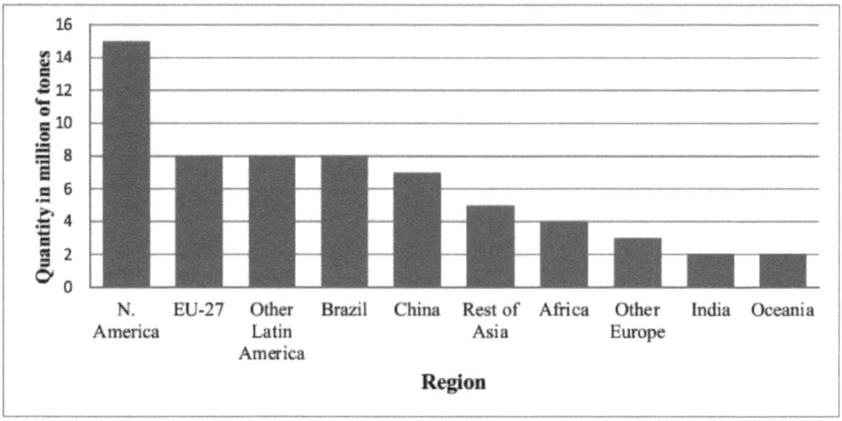

Figura 4: Produção de carne de bovino no mundo em 2006 (milhões de toneladas) (FAO, 2007)

A classificação dos países produtores de carne de bovino não é de todo semelhante à dos efectivos bovinos, pois são a América do Norte e a União Europeia que produzem mais carne de bovino (13,3 e 8,1 milhões de toneladas, respetivamente). Isto deve-se ao facto de o sistema de produção intensivo, muito praticado nestas regiões, contribuir para otimizar a produtividade do gado. A melhoria da produtividade não resulta apenas no aumento do número de bovinos criados, mas também no aumento do peso de mercado. De facto, o peso das carcaças de bovinos após o abate varia de região para região. O peso médio da carcaça de bovinos em diferentes regiões do mundo é apresentado no quadro 7 infra.

Quadro 7: Pesos médios das carcaças de bovinos no mundo (kg)

Região	América do Norte	UE (27)	Oceânia	América Latina	China	África	Descanso	Índia
Peso (em kg)	349	317	227	207	169	151	138	103

Fonte: FAO, (2007).

As variações no peso da carcaça são influenciadas por muitos factores, incluindo a raça, o sistema de produção, etc. De facto, existe uma diferença entre um novilho acabado em confinamento nos Estados Unidos, um jovem touro europeu ou um boi Wagyu japonês, por um lado, e um bovino acabado de 5 ou 6 anos que percorre uma grande distância para chegar ao matadouro em África, por outro.

1-2-6-2: Na África Subsaariana

O quadro 8 mostra os principais produtores de carne na África Subsariana

Quadro 8: Principais produtores de carne na África Subsaariana

Tipo de carne	Produção (milhões de toneladas)	Percentagem da produção
Carne de vaca	2 954	45.12
Carne de carneiro e de cabra	1 398	21.36
Carne de porco	796	12.16
Galinha	1398	21.36
Total	6 546	100.00

Fonte: FAO, (2000).

O quadro 8 mostra que a carne de vaca é mais produzida e consumida na África Subsaariana do que as outras carnes. Representa 45,12% da carne produzida e consumida.

1-2-7: Consumo de carne de bovino

1-2-7-1: Consumo de carne de bovino no mundo

O quadro 9 mostra a evolução do consumo mundial de carne de bovino de 2003 a 2007.

Quadro 9: Evolução do consumo mundial de carne de bovino (kg/habitante/ano)

País	2003	2004	2005	2006	2007	% (2006/2007)
Argentina	58.7	64.5	61.2	63.6	67.3	5.9
Estados Unidos	42.5	43.2	42.8	43.1	42.6	-1.2
Austrália	40.9	38.7	37.8	36.9	37.0	0.3
Brasil	34.5	34.8	36.5	37.0	37.3	-0.8
Canadá	33.1	31.0	32.9	32.8	32.6	-0.6
Uruguai	49.7	56.5	55.6	53.6	46.6	-13.1
UE	17.8	17.6	17.2	16.9	17.0	0.7
México	22.1	22.4	22.7	23.3	23.3	0.0
Rússia	16.2	15.7	17.1	16.3	16.8	3.1
África do Sul	13.9	15.0	15.8	16.9	15.8	-6.5
Coreia do Sul	23.7	15.2	14.5	14.0	14.0	0.0
Japão	10.7	9.3	9.4	9.1	9.5	4.4
Outros PECC(l)	7.9	8.0	8.0	8.0	8.0	0.0
Médio Oriente	6.1	6.5	6.3	6.6	6.8	3.0
China	4.9	5.2	5.5	5.6	5.9	5.4
Índia	2.4	2.4	2.3	2.3	2.3	0.0
Mundo Total	**9.7**	**9.6**	**9.7**	**9.8**	**9.8**	**0.7**

Fonte: FAO, (2007). (1) = Croácia, Bósnia, Jugoslávia

De acordo com o quadro 9, o consumo individual de carne de bovino (kg/habitante/ano) continua a ser elevado na Argentina, seguida do Uruguai e dos EUA. O consumo de carne de bovino na Índia é muito baixo, apesar do elevado efetivo bovino existente neste país, porque o gado é um animal sagrado e o seu consumo é totalmente proibido.

1-2-7-2: Consumo de carne de bovino em África

O consumo dos diferentes tipos de carne em África está representado no quadro 10.

Quadro 10: Consumo de carne em África

Tipo de produção	Consumo (kg / habitante / ano)	Contribuição para o consumo (%)
Carne de vaca	4.8	44.44
Carne de carneiro e de cabra	2.2	20.37
Carne de porco	1.3	12.04
Galinha	2.5	23.15
Total	**10.8**	**100.00**

Fonte: FAO, (2000).

O quadro 10 mostra que a carne de bovino representa 44,44% da carne consumida em África. Esta contribuição coloca a carne de bovino no topo da carne consumida em África.

1-2-7-3: Consumo de carne nos Camarões

O quadro 11 mostra a distribuição dos diferentes tipos de carne consumidos nos Camarões.

Quadro 11: Consumo de carne nos Camarões

Tipo de carne	Consumo (kg / habitante / ano)	Contribuição para o consumo (%)
Carne de vaca	7.1	54
Carne de carneiro e de cabra	1.7	13
Carne de porco	2.0	15
Galinha	2.2	17
Total	**13.1**	**100**

Fonte: MINEPIA (2002).

O quadro 11 mostra que a carne de bovino representa 54% do total da carne consumida nos Camarões. O consumo de carne de bovino por habitante é estimado em 7,1 kg/habitante/ano (MINEPIA, 2002). A projeção da taxa de procura de carne de bovino está representada no quadro 8.

O quadro 12 mostra que a produção de carne de bovino nos Camarões permanece estável e geralmente deficiente em relação à procura. Esta situação agravar-se-á cada vez mais se nada for feito para estimular a produção nacional (Teleu, 2008). O défice está a aumentar continuamente à medida que o tempo avança, pelo que é fundamental que sejam realizados estudos para identificar as melhores soluções para o problema da disponibilidade insuficiente de proteínas animais.

Os 19,06 milhões de habitantes dos Camarões (BUCREP, 2010) são todos potenciais consumidores de carne, mas o tipo de carne consumida varia de região para região e de acordo com as diferentes categorias de indivíduos. A preferência pela carne de vaca é antiga nos Camarões e atualmente muitos consumidores preferem o frango à carne de vaca. A carne de carneiro e de porco é geralmente vendida a preços mais elevados do que a carne de vaca. Os borregos jovens e bem engordados são vendidos a preços mais elevados, enquanto um pequeno número de camaroneses paga um prémio pela "carne do mato" em vez de outras carnes.

Quadro 12: Projecções da taxa de oferta em relação à procura de carne de bovino de 2008 a 2015 nos Camarões

Ano	2008	2009	2010	2011	2012	2013	2014	2015
População (milhões)	18.5	119	19.5	20.1	20.7	21.3	21.9	22.6
Produção (milhares de toneladas)	110 .4	110 .4	110 .4	110 .4	110 .4	110 .4	110 .4	110 .4
Procura (milhares de toneladas)	136.8	140 .7	144 .8	149 .0	153 .3	157.8	162 .4	167.1
Taxa de cobertura (%)	81	78	76	74	72	70	68	66
Défice (t)	**-26 396**	**-30 362**	**-34 444**	**-38 644**	**-42 966**	**-47 413**	**-51 989**	**-56 697**

Fonte: Teleu, (2008).

1-2-8: Criação de gado ou condicionalismos de produção

As dificuldades encontradas na criação de gado nos Camarões são numerosas e podem ser vistas a partir dos factores naturais e demográficos (Yendji, 2000).

Alimentação

Durante a estação das chuvas, a quantidade de erva aumenta, mas a sua qualidade é insuficiente durante os meses de setembro e outubro. As consequências diretas de uma alimentação inadequada são:

- Diminuição da fertilidade do gado,
- Crescimento retardado
- Elevada mortalidade, especialmente nos jovens (Yendji, 2000).

Saúde animal

O quadro 13 mostra que as causas de 43,8% da mortalidade dos bovinos são indeterminadas, 30,1% são devidas a doenças, 11,5% são atribuídas a acidentes, 3,5% a problemas de alimentação e 11,1% a nados-mortos.

Quadro 13: Distribuição das principais causas de mortalidade dos bovinos nos Camarões.

	Mortalidade	
Principais causas	**Frequência**	**% Total**
Doenças indeterminadas	992	43.3
Outros	83	3.7
Antrax	75	3.3
Febre aftosa	79	3.5
Parasitas gastrointestinais	101	4.5

Parasitas do sangue	168	7.4
Doenças do aparelho digestivo	175	7.7
Acidentes	261	11.5
Problemas de alimentação	79	3.5
Nados-mortos	250	11.5
Total	**226**	**100.0**

Fonte: Planchenault (1992)

Outros condicionalismos incluem:

- Variações geo-climáticas: A temperatura e a humidade são favoráveis ao desenvolvimento de glossulária e de outros parasitas. Estes são efeitos adversos que contribuem para o crescimento de erva de má qualidade utilizada para a alimentação animal. É por esta razão que não é raro ver pastagens de boa qualidade serem abandonadas pelos criadores de gado devido ao grau de infestação por carraças ou à invasão por glossíneos (Yendji, 2000).

- Limitações genéticas: Estes estão ligados às dificuldades de adaptação de algumas raças às diferentes condições climáticas dos Camarões, especialmente as raças exóticas, apesar dos seus bons desempenhos. (Tchoumboue e Manjeli, 1991).

- Gestão: é deficiente, especialmente no que se refere à manutenção de registos sobre programas de reprodução e cuidados de saúde.

De um ponto de vista humano:

- Atribuição desigual de terras para a agricultura. Os criadores de gado só podem contentar-se com o espaço ou o pedaço de terra que lhes é concedido pelos agricultores (Yendji, 2000).

- A elevada densidade populacional devida à expansão demográfica faz com que a disponibilidade de solos férteis seja insuficiente em certas regiões. O grande número de bovinos criados nestas zonas provoca conflitos permanentes entre agricultores e criadores. De acordo com Njoya *et al.* (1997), as dificuldades estão especialmente ligadas à água potável, à alimentação, à saúde, ao sistema de criação praticado e ao escoamento dos produtos animais.

1-2-9: A importância socioeconómica do gado nos Camarões

Nos Camarões, o capital gerado pelo sector pecuário está atualmente estimado em cerca de 950 mil milhões de FCFA. A sua contribuição para a produção agrícola é avaliada em 20% e 70% da população rural depende do gado como fonte de rendimento e poupança (Teleu, 2008). A produção de gado representa 2/3 da carne produzida e consumida nos Camarões (MINEPIA, 2002) e mais de metade do capital pecuário, de acordo com Teleu, (2008). A sua contribuição para os produtos agrícolas brutos (PIB) é de cerca de 13%, pelo que é necessário prever uma política económica favorável à produção de gado e que contribua para o PIB.

Segundo Njoya *et al.,* (1997), o interesse pela criação de gado tem vários aspectos:

- Alimentação e nutrição: é a fonte de proteínas completas, ao contrário das proteínas vegetais que são desprovidas de aminoácidos essenciais.

- Económica: é uma fonte de rendimento para quem pratica a atividade.

> Ecológico: a criação de gado valoriza a biomassa vegetal em solos marginais e o adubo orgânico para as terras agrícolas.

> Energético: o gado é utilizado como fonte de trabalho nas explorações de tração animal.

> Financeiro: a criação de gado é uma forma de capital produtivo, mas também desempenha um papel de poupança e de fluxo de caixa adequado às necessidades quotidianas ou ocasionais.

> Industrial e artesanal: o gado fornece matérias-primas como o couro, a lã e os cornos.

> Sócio-cultural: o gado é utilizado em diferentes cerimónias (casamentos, sacrifícios, festas religiosas e outras obrigações sociais).

> Nenhuma religião ou cultura proíbe a produção de gado ou o consumo de carne de bovino.

A sua vantagem fisiológica é o facto de serem poligástricos, o que facilita a digestão da celulose.

1-3: Carne de vaca

1-3-1: Definição de carne de bovino

Beef é a designação culinária da carne de bovinos, especialmente de gado doméstico. A carne de vaca pode ser colhida de vacas, touros, novilhas ou bois. A carne muscular da carne de bovino pode ser cortada em bifes, assados ou costeletas. Alguns cortes são transformados (corned beef) e as aparas, geralmente misturadas com carne de gado mais velho e magro, são moídas, picadas ou utilizadas em salsichas (Henrik et al., 2005).

A carne de bovino é a terceira carne mais consumida no mundo, representando cerca de 25% da produção mundial de carne, depois da carne de porco e de aves, com 38% e 30%, respetivamente (Raloff, 2003)

1-3-2: Composição da carne de bovino

O músculo é constituído por cerca de 75% de água e 20% de proteínas, representando os restantes 5% uma combinação de gorduras, hidratos de carbono e minerais. O quadro 14 apresenta a composição típica em nutrientes de amostras de carne vermelha australiana com gordura aparada, com base em análises recentes de amostras nacionais de retalho. A carne vermelha, independentemente do regime de alimentação, é rica em nutrientes e considerada uma fonte importante de aminoácidos essenciais, vitaminas A, Be, B12, D, E e minerais, incluindo ferro, zinco e selénio. Para além destes nutrientes importantes, os consumidores de carne também ingerem uma série de gorduras que são uma importante fonte de energia e facilitam a absorção de vitaminas lipossolúveis, incluindo A, D, E e K.

Quadro 14: Composição em nutrientes (por 100g) da carne vermelha magra

	Carne de vaca	**Carne de vitela**	**Cordeiro**	**Carne de carneiro**
Humidade (g)	73.1	74.8	72.9	73.2
Proteína (g)	23.2	24.8	21.9	21.5
Gordura (g)	2.8	1.5	4.7	4.0
Energia (kJ)	498	477	546	514
Colesterol (mg)	50	51	66	66
Tiamina (mg)	0.04	0.06	0.12	0.16

Riboflavina (mg)	0.18	0.20	0.23	0.25
Niacina (mg)	5.0	16.0	5.2	8.0
Vitamina B6 (mg)	0.52	0.8	0.10	0.8
Vitamina B12 (gg)	2.5	1.6	0.96	2.8
Ácido pantoténico	0.35	1.50	0.74	1.33
Vitamina A (gg)	<5	<5	8.6	7.8
Beta-caroteno (gg)	10	<5	<5	<5
Alfa-tocoferol	0.63	0.50	0.44	0.20
Sódio (mg)	51	51	69	71
Potássio (mg)	363	362	344	365
Cálcio (mg)	4.5	6.5	7.2	6.6
Ferro (mg)	1.8	1.1	2.0	3.3
Zinco (mg)	4.6	4.2	4.5	3.9
Magnésio (mg)	25	26	28	28
Fósforo (mg)	215	260	194	290
Cobre (mg)	0.12	0.08	0.12	0.22
Selénio (p.g)	17	<10	14	<10

Fonte: Gracey e Collins (1992)

Água

A carne muscular dos mamíferos adultos é constituída por cerca de 75 por cento de água. A maior parte da água no músculo é mantida dentro da estrutura do músculo e das células musculares. Especificamente, dentro da célula muscular, a água encontra-se dentro das miofibrilas, entre as próprias miofibrilas e entre as miofibrilas e a membrana celular (sarcolema), entre as células musculares e entre os feixes musculares (grupos de células musculares) (Offer & Cousins, 1992).

A água é uma molécula dipolar e, como tal, é atraída por espécies carregadas como as proteínas. De facto, alguma da água nas células musculares está intimamente ligada às proteínas. Por definição, a água ligada é a água que existe na proximidade de constituintes não aquosos (como as proteínas) e tem mobilidade reduzida, ou seja, não se desloca facilmente para outros compartimentos. A verdadeira água ligada é uma fração muito pequena da água total nas células musculares; dependendo do sistema de medição utilizado, estima-se que aproximadamente 0,5 g de água por grama de proteína esteja fortemente ligada às proteínas (Offer & Cousins, 1992).

Outra fração de água que pode ser encontrada nos músculos e na carne é denominada água aprisionada (também referida como imobilizada). As moléculas de água nesta fração podem ser retidas por efeitos estéricos (espaço) e/ou por atração para a água ligada. Esta água é mantida dentro da estrutura do músculo mas não está ligada per se à proteína. Nos tecidos do início da vida pós-morte, esta água não flui livremente do tecido, mas pode ser removida por secagem e pode ser facilmente convertida em gelo durante a congelação. A água aprisionada é mais afetada pelo processo de rigor e pela conversão do músculo em carne. Após a alteração da estrutura das células musculares e a redução do pH, esta água também pode eventualmente escapar como purga. As forças superficiais fracas retêm principalmente esta fração de água na carne. A água livre não é facilmente observada na carne pré-rigor, mas pode desenvolver-se à medida que as condições se alteram, permitindo que a água retida se desloque das estruturas onde se encontra (Elisabeth *et al.*, 2005).

A maior parte da água que é afetada pelo processo de conversão do músculo em carne é a água aprisionada (imobilizada). Manter a maior quantidade possível desta água na carne é o objetivo de muitos transformadores. Alguns dos factores que podem influenciar a retenção de água aprisionada incluem a manipulação da carga líquida das proteínas miofibrilares e a estrutura da célula muscular e dos seus componentes (miofibrilas, ligações citoesqueléticas e permeabilidade da membrana), bem como a quantidade de espaço extracelular dentro do próprio músculo (Elisabeth *et al.*, 2005).

Proteína

As proteínas são a fonte dos aminoácidos essenciais necessários à vida. É o bloco de construção do tecido muscular. A carne vermelha crua contém cerca de 20-25g de proteína/ 100g. A carne vermelha cozinhada contém 28-36g de proteína/ 100g porque o teor de água diminui e os nutrientes tornam-se mais concentrados durante a cozedura. A proteína da carne de vaca é altamente digerível, cerca de 94%, em comparação com a digestibilidade de 78% do feijão (Bhutta, 1999). A proteína da carne fornece todos os aminoácidos essenciais (lisina, treonina, metionina, fenilalanina, triptofano, leucina, isoleucina e valina) e não tem aminoácidos limitantes. Os aminoácidos podem combinar-se entre si para formar polipéptidos. As proteínas são formadas pela ligação de cadeias polipeptídicas. As diferenças de comprimento das cadeias, sejam elas enroladas, rectas ou dobradas, são o que determina a textura e o sabor das várias proteínas, como a carne de vaca, o ovo, o leite, etc. Nos animais, as proteínas ajudam a formar estruturas de suporte e proteção como a pele, as unhas, a cartilagem e o músculo. Por conseguinte, as proteínas da carne são completamente de elevado valor biológico.

Gordura

A gordura é a principal reserva energética do animal. A maior parte da gordura da carne é constituída por triglicéridos. Os triglicéridos são constituídos por uma molécula de glicerol à qual estão ligados três (03) ácidos gordos. As caraterísticas dos ácidos gordos (comprimento da cadeia de carbono, grau de saturação, etc.) influenciam grandemente as propriedades gerais da gordura. O teor de gordura da carne pode variar muito, dependendo da espécie e da raça do animal, da forma como o animal foi criado, incluindo a alimentação, a parte anatómica do corpo e os métodos de abate e cozedura.

Minerais

Os principais minerais da carne incluem o fósforo e o potássio, juntamente com pequenas quantidades de sódio, magnésio, cálcio, zinco e outros metais vestigiais. O ferro, o fósforo e o potássio (juntamente com o sódio presente nas carnes curadas) são minerais importantes. Ao contrário de outros constituintes dos alimentos, os minerais são substâncias inorgânicas. Não fornecem calorias e não podem ser destruídos pelo calor ou por produtos químicos. No entanto, podem perder-se dos alimentos durante o processamento. Por exemplo, algum ferro é perdido da carne quando esta é assada. O sumo que sai da carne durante a torrefação contém alguns nutrientes, particularmente ferro e algumas proteínas.

Com base na quantidade diária recomendada, os minerais são classificados em macrominerais e microminerais. Os macrominerais são necessários em cerca de 1g por dia, enquanto os microminerais são necessários em cerca de 0,01g por dia. Os macrominerais incluem Ca, P, K, Na, Mg, S e Cl, enquanto os microminerais incluem Fe, Zn, Se, Mn, Co, Mo, Si, Ni, Va e Cr.

Vitaminas

A carne contém todas as vitaminas lipossolúveis (A, D, E e K) e é também uma fonte rica em vitaminas hidrossolúveis, especialmente as da família do complexo B (Bl, B2, B3, B5, B6, B12, cloro e biotina).

Teor de cinzas

O teor de cinzas de uma amostra de carne representa o conteúdo mineral total dessa amostra, embora seja uma estimativa grosseira e represente aproximadamente 1 % da amostra de músculo (Huff-Lonergan & Lonergan, 2005). Os minerais são vitais na nutrição humana. A carne vermelha tem um elevado teor de ferro, bem como elevados teores de potássio e fósforo

1-3-3: Estrutura muscular

Para entender o que é a qualidade da carne e como ela se desenvolve, é preciso primeiro entender alguns aspectos fundamentais sobre a estrutura do músculo.

A célula muscular (miofibrila) é uma das células mais bem organizadas do corpo animal (Lonergan & Lonergan, 2008). O tecido muscular de um animal vivo é constituído por cerca de 75% de água e 20% de proteínas. Os restantes 5% são principalmente gordura com pequenas quantidades de minerais e glicogénio. A percentagem de gordura intra-muscular varia consideravelmente entre espécies e indivíduos, e entre músculos. O músculo esquelético é composto por fibras musculares, sendo cada fibra uma célula única com tecido conjuntivo associado. As fibras musculares estão ligadas entre si em feixes e cada fibra muscular é constituída por feixes de miofibrilhas rodeadas pela membrana plasmática, o sarcolema. As miofibrilas estão rodeadas por uma fase fluida, o sarcoplasma (Lawrie & Ledward, 2006). A maioria das proteínas musculares (miosina, actomiosina) são proteínas miofibrilares (~60%) e as outras são proteínas sarcoplasmáticas (~30%), como as enzimas e a mioglobina. As proteínas estruturais (~10%) compreendem as proteínas do tecido conjuntivo, o colagénio e a elastina (Lawrie & Ledward, 2006). As miofibrilhas são a "maquinaria" contrátil da célula e podem ser divididas em filamentos finos e grossos, constituídos por actina e miosina, respetivamente (Lonergan & Lonergan, 2008). Quando o músculo se contrai, os filamentos grossos e finos interagem através da região da cabeça da miosina, formando a actomiosina. No músculo vivo, durante a contração, a atividade ATPase da miosina fornece energia para a miosina ligada à actina rodar e, por fim, puxar os filamentos finos para o centro do sarcómero (Lonergan & Lonergan, 2008). Isto encurta a miofibrila, a célula muscular e, por fim, o músculo, levando à contração. A estrutura básica da fibra muscular esquelética pode ser vista na Figura 5 que se segue;

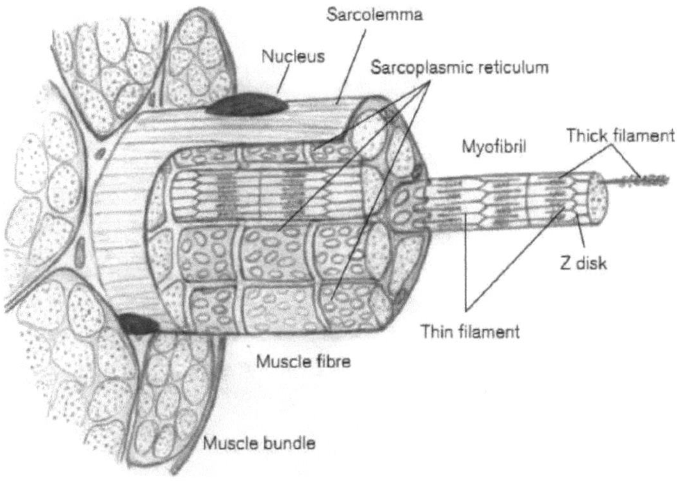

Figura 5: A estrutura da fibra muscular esquelética.

Quando se olha para uma célula muscular ao microscópio, pode observar-se um padrão distinto de bandas. Este aspeto deve-se a organelos especializados, as miofibrilhas, que se encontram nas células musculares. As miofibrilhas são a "maquinaria" contrátil da célula e podem ser divididas em filamentos finos e grossos constituídos por actina e miosina, respetivamente. A proteína actina é uma pequena molécula globular (G-actina) que se agrega de ponta a ponta para formar a cadeia dupla torcida (F-actina) das unidades globulares que constituem o filamento fino (Lawrie & Ledward, 2006). A proteína contrátil miosina é um hexâmetro constituído por duas cadeias pesadas e dois pares de cadeias leves de miosina (Figura 6). A molécula de miosina consiste em duas regiões, uma cabeça e uma cauda. A cauda da miosina forma a espinha dorsal do filamento espesso e a região globular da cabeça estende-se a partir do filamento espesso e interage com a actina no filamento fino (Lonergan & Lonergan, 2008; Moss et al., 1995). Considere a figura 6 abaixo:

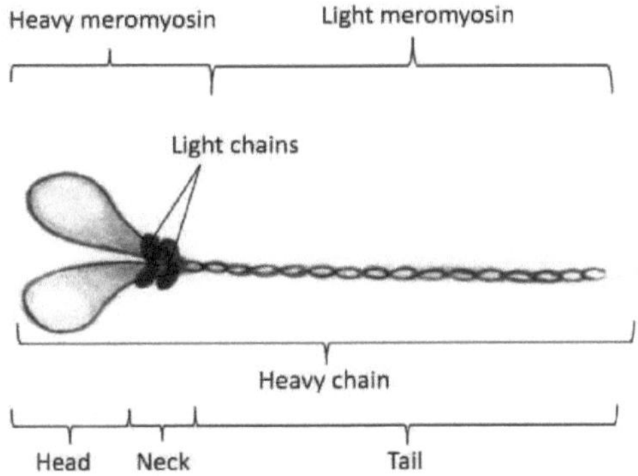

Figura 6: Imagem esquemática de uma molécula de miosina

Quando o músculo se contrai, os filamentos grossos e finos interagem através da região da cabeça da miosina, formando a actomiosina. No músculo vivo, durante a contração, a atividade ATPase da miosina fornece energia para a miosina ligada à actina rodar e, por fim, puxar os filamentos finos para o centro do sarcómero (Lonergan & Lonergan, 2008). Isto encurta a miofibrila, a célula muscular e, por fim, o músculo, levando à contração. A miosina e a actina podem dissociar-se quando uma nova molécula de ATP é ligada à cabeça da miosina (Silverthom *et al.*, 2001). Os padrões de bandas resultam da alternância de bandas A, densas em proteínas, e bandas I, menos densas, dentro da miofibrila. A banda I menos densa é composta principalmente por filamentos finos, enquanto a banda A é composta por filamentos grossos e alguns filamentos finos sobrepostos (Silverthom et al., 2001). As bandas I são bissectadas por linhas escuras conhecidas como linhas Z e a área entre duas linhas Z é designada por sarcómero (Figura 7).

O sarcómero repete-se aproximadamente a cada 2,4 pm (quando em repouso) ao longo do eixo da miofibrila (Lawrie & Ledward, 2006), daí o padrão de bandas observado ao microscópio. Cada sarcómero contém todos os elementos estruturais necessários para realizar a arte física da contração a nível molecular (Huff-Lonergan *et al.*, 2010).

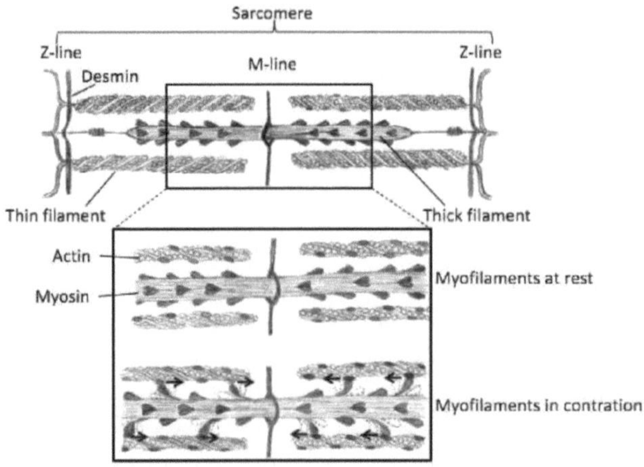

Figura 7: A estrutura de um sarcómero durante a contração muscular

O músculo transforma-se em carne

A transformação do músculo vivo em carne começa após a exsanguinação, uma vez que a temperatura da carcaça diminui e a energia da célula é baixa. No músculo vivo, o sangue oxigena os músculos. Quando o fornecimento de oxigénio se esgota, o metabolismo energético das células muda da via aeróbia para a via anaeróbia de produção de trifosfato de adenosina (ATP) (Thompson *et al.*, 2006). A geração de ATP através da via anaeróbia produz menos ATP e resulta na acumulação do produto final, o ácido lático, no músculo, baixando assim o pH. A taxa e a extensão da queda do pH são importantes para a qualidade da carne. Quando o nível de ATP é demasiado baixo para manter o estado de relaxamento dos músculos, a carcaça entra em rigor mortis, cada fibra muscular aumenta gradualmente a rigidez do músculo (Huff-Lonergan & Lonergan, 2005;). Este aumento da rigidez muscular é geralmente significativo quando o pH desce para cerca de 6 (Thompson et *al.*, 2006). No rigor mortis, os filamentos sobrepostos de actina e miosina ligam-se irreversivelmente e formam pontes cruzadas entre si. Estas ligações de rigor são a origem da rigidez que se desenvolve no músculo post-mortem. Para obter uma carne tenra, é importante ter músculos tão esticados e sarcómeros tão longos quanto possível para minimizar estas ligações de rigor.

A maciez da carne é determinada pela quantidade e solubilidade do tecido conjuntivo, comprimento do sarcómero, taxa de proteólise durante o envelhecimento e metabolismo post mortem (Warner *et al.*, 2010; Koohmaraie & Geesink, 2006), enquanto o processo de amaciamento é principalmente o resultado de enzimas proteolíticas presentes no músculo. O processo de amaciamento em si é afetado por vários factores, como a idade, o sexo, a raça e a dieta, bem como o manuseamento antes do abate (Chambaz *et al.*, 2003, Campo *et al.*, 2000). Após o abate, o pH, a temperatura, o método de suspensão, a taxa de glicólise e a localização e a fisiologia da peça e o método de embalagem afectam a tenrura final da carne. O tempo, o método e a temperatura de cozedura e a temperatura interna final da carne também afectam consideravelmente a experiência final de consumo (Yancey *et al.,2MA).*

1-3-4: Qualidade da carne

A qualidade da carne é definida pelos traços que o consumidor considera desejáveis, o que inclui traços visuais e sensoriais, traços de credibilidade de segurança e saúde, e aqueles que se relacionam com a natureza ética do sistema de produção (Becker, 2000). As caraterísticas visuais importantes incluem: cor e textura da carne, cor da gordura, quantidade e distribuição da gordura, bem como a ausência de excesso de água (purga) no tabuleiro (Glitsch, 2000). Uma vez cozinhada, a satisfação do consumidor é largamente determinada pela tenrura da carne, bem como pelo seu sabor/odor e suculência (Glitsch, 2000). Os consumidores de borrego atribuem geralmente o maior peso ao sabor/odor, seguido da tenrura e, por último, da suculência (Pethick *et al.*, 2006). Isto contrasta com os consumidores de carne de bovino, que consideram a tenrura como o traço de palatabilidade mais importante (Watson *et al.*, 2008), embora isto possa variar consoante o país (Glitsch, 2000). No estudo de Aaslyng *et al.*, (2007), os consumidores de carne de porco atribuíram uma classificação elevada à suculência, ao sabor e à tenrura, embora não tenham analisado estatisticamente a relatividade das classificações. Verificaram também que as classificações variavam consoante o grupo etário e a localização geográfica, o que indica a variabilidade entre consumidores.

1-3-4-1: Propriedades físicas

Cor

A cor da carne é, sem dúvida, o único fator que afecta a aceitação do consumidor, a decisão de compra e a satisfação global dos produtos à base de carne. As medições de cor são efectuadas utilizando o sistema de cor da "Commission International De I' Eclairage" (C.I.E., 1976). As três coordenadas fundamentais da cor são L*, a* e b*. O L* mede a luminosidade e é uma medida da luz reflectida (100 = branco; 0 = preto); a* mede o vermelho positivo, o verde negativo e b* mede o amarelo positivo, o azul negativo.

A cor da carne pode ser influenciada por muitos factores, tais como a espécie, a dieta, os sistemas enzimáticos, a idade, as actividades pré-abate, etc. Por exemplo, a mioglobina, uma proteína responsável pela maior parte da cor vermelha da carne, não circula no sangue mas está fixada nas células dos tecidos e tem uma cor arroxeada. Quando se mistura com o oxigénio, transforma-se em oximioglobina e produz uma cor vermelha viva que é medida objetivamente por coordenadas a* (Priolo *et al.*, 2001). A restante cor provém da hemoglobina, que se encontra principalmente no sangue circulante, mas uma pequena quantidade pode ser encontrada nos tecidos após o abate (Priolo *et al.*, 2001). A DFD ocorre quando o stress imediatamente antes do abate provoca uma depleção da concentração de glicogénio no músculo e, por conseguinte, uma redução da glicólise que é necessária para reduzir o pH através da produção de ácido lático (Muchenje *et al.*, 2009a; Muchenje *et al.*, 2009b). Esta carne DFD é de qualidade inferior, uma vez que o sabor fraco e a cor escura são menos aceitáveis para o consumidor. Além disso, tem um prazo de validade mais curto devido ao valor anormalmente elevado do pH, que é propício ao crescimento bacteriano (Priolo *et al.*, 2001). Zhang *et al.* (2005) descobriram que a carne com pH elevado tinha valores mais baixos de L* (luminosidade), a* (vermelhidão), b* (amarelecimento), ângulo de tonalidade (graus) e croma (saturação) do que a carne vermelha clara. Isto indica que a carne com pH elevado é mais escura do que a carne com pH normal (5,4 -5,6). Os animais alimentados com pasto verde têm uma cor de gordura amarela devido aos elevados níveis de beta-caroteno contidos na erva. Esta cor amarela da gordura é medida objetivamente pelas coordenadas b*. Os consumidores consideram frequentemente que a carne com gordura amarela provém de um animal velho ou doente.

Além disso, as rações à base de forragem, bem como as diferentes forragens e as mudanças sazonais, permitem carcaças com uma aparência magra mais escura ou com gordura de aspeto amarelo (Baublits, *et al.*, 2004). A carne magra mais escura (valores baixos de L*) pode ser atribuída ao aumento da mioglobina, à diminuição do glicogénio muscular, ou a ambos, e à gordura amarela (Priolo *et al.*, 2001, Johnston *et al.*, 2003). Os bovinos alimentados com erva podem estar mais stressados do que os bovinos alimentados com cereais devido a diferenças na exposição humana (Andersen *et al.*, 2005) ou que os animais em pastoreio exibem mais mioglobina do que os animais confinados devido a diferenças na atividade física (Shorthose & Harris, 1991), daí as diferenças na cor da carne.

pH

O pH do músculo vivo normal é de cerca de 7,2 (Young, *et al.*, 2004). Após a exsanguinação, a descarboxilação oxidativa e a fosforilação deixam de funcionar e qualquer metabolismo subsequente é anaeróbio. Em condições anaeróbias, o glicogénio é convertido em ácido lático que se acumula na carcaça do animal; o músculo acidifica-se gradualmente, provocando uma diminuição do pH muscular. O pH diminui ao longo do tempo à medida que a concentração de lactato na carcaça aumenta (Muchenje *et al.*, 2009b). O aumento da concentração de lactato ocorre porque a glicólise anaeróbica tem lugar após a morte (Muchenje *et al.*, 2009b). A conversão do glicogénio em ácido lático continua até se atingir um pH de 5,4 - 5,5 (o ponto isoelétrico das principais proteínas). A este pH, as enzimas que intervêm na degradação do glicogénio são inactivadas e a acidificação cessa. O pH diminui com o tempo à medida que a concentração de lactato na carcaça aumenta Piasentier *et al.*, (2009).

Se o ácido lático se acumular demasiado rapidamente quando o pH do músculo estiver a diminuir rapidamente, a desnaturação da proteína do músculo pode resultar na perda de tenrura da carne, na perda de suculência e na descoloração do músculo e, em casos extremos, o músculo pode tornar-se pálido, mole e exsudativo (PSE). Quanto mais elevado for o pH final, menor será a diminuição da WHC. O pH final é determinado pela extensão do declínio do pH 24 horas após o abate, que, por sua vez, depende do tipo de animal, da raça, das caraterísticas de criação e do tratamento do animal antes do abate. Nos animais bem alimentados e sem stress, o pH final é atingido quando a carcaça atinge uma temperatura suficientemente baixa para evitar a desnaturação excessiva das proteínas. O valor do pH desce normalmente de 7,2 para cerca de 5,5. Em condições normais, os bovinos criados ao ar livre dispõem de glicogénio suficiente para que o pH final do músculo seja normal. Os animais criados ao ar livre não estão geralmente muito habituados à presença e ao manuseamento humanos, o que também pode ter alguma influência na depleção de glicogénio antes do abate (Priolo *et al.*, 2001). Os animais criados ao ar livre têm uma cor de carne mais escura, enquanto os animais alimentados com cereais têm uma cor magra mais brilhante, devido aos valores mais elevados de pH final encontrados nos animais alimentados com erva. O pH influencia muitos factores de qualidade da carne de bovino, entre os quais a cor, que reduz a aceitação, a decisão de compra e a satisfação dos consumidores.

Temperatura

O estudo de qualquer fator de stress pré-abate requer um bom controlo e normalização do ambiente pós-abate, especialmente a temperatura rigorosa, que pode ter efeitos profundos em caraterísticas-chave como a tenrura e a capacidade de retenção de água. As qualidades da carne estão intimamente relacionadas com o tipo de músculo e as condições de armazenamento, como a temperatura de armazenamento ou os métodos de embalagem. Uma temperatura elevada do músculo post mortem acelera a taxa de declínio do pH no músculo, presumivelmente porque tais condições de temperatura fisiológica permitem a continuação da atividade enzimática (Priolo *et al.*, 2001). Uma diminuição mais rápida do pH a temperaturas mais elevadas pode romper a membrana lisossómica, na qual algumas catepsinas poderiam hidrolisar proteínas miofibrilares específicas. O acondicionamento a altas temperaturas dos músculos e das carcaças também afecta negativamente a tenrura da carne e as temperaturas mais elevadas da carcaça no início do período post mortem aceleram o processo de envelhecimento e resultam, em última análise, num aumento da tenrura.

1-3-4-2: Propriedades químicas

Para além dos seus nutrientes, a carne de bovino contém uma série de substâncias bioactivas com efeitos benéficos para a saúde humana, como a taurina, a carnitina e os antioxidantes endógenos. Por outro lado, a gordura da carne de bovino é considerada como tendo um papel nutricional controverso, sendo uma importante fonte de energia e facilitando a absorção de vitaminas lipossolúveis (Daley *et al.*, 2010),

Embora esteja estabelecido que a criação e o maneio alimentar influenciam a qualidade da carne (Sañudo *et al.*, 2004; Andersen *et al.*, 2005), existem relatórios contraditórios sobre os efeitos do maneio alimentar na qualidade da carne (Priolo, *et al.*, 2001). Não existe informação disponível sobre a qualidade da carne do gado Gudali, White Fulani e Red Mbororo criado em pastagem natural nos Camarões.

Perfis de ácidos gordos

A gordura da carne de bovino é uma fonte significativa de ácidos gordos saturados na dieta humana. A carne vermelha tem um rácio relativamente elevado de ácidos gordos saturados e insaturados nos seus lípidos. Este é um fator de risco para o desenvolvimento de doenças vasculares e coronárias (Barton, *et al.*, 2007). O efeito adverso dos ácidos gordos saturados nos níveis de colesterol no plasma humano torna imperativa a avaliação dos perfis de ácidos gordos na carne de bovino. A raça do gado e a forma como o gado é gerido podem afetar a composição em ácidos gordos, uma vez que a composição em ácidos gordos está intimamente relacionada com o nível de gordura (Alberti *et al.*, 2005, Barton *et al.*, 2007). A composição em ácidos gordos dos tecidos comestíveis dos bovinos é influenciada pela dieta e pelo genótipo (Barton *et al.*, 2007). Padre *et al.* (2006) registaram diferenças entre raças no teor de lípidos nos tecidos dos bovinos, o que estava indiretamente relacionado com o teor de ácido linoleico conjugado (CLA). Algumas raças que têm tendência para depositar maiores quantidades de gordura no músculo produzem uma maior quantidade de CLA. No entanto, Baublits *et al.* (2006) não registaram diferenças entre os tipos biológicos no que se refere aos perfis de ácidos gordos. As diferenças entre raças reflectem diferenças subjacentes na expressão genética ou nas actividades das enzimas envolvidas na síntese de ácidos gordos, na dessaturação ou no alongamento da cadeia, pelo que merecem maior atenção (Barton, *et al.*, 2007). As diferenças na composição de ácidos gordos entre raças podem frequentemente ser explicadas por diferenças na proporção de gordura intramuscular como o rácio de ácidos gordos polinsaturados para ácidos gordos saturados (PUFA/SFA). Este rácio diminui com o aumento do nível de gordura da carne de bovino (Barton, *et al.*, 2007), que depende da raça e da nutrição. Por conseguinte, é imperativo avaliar os perfis de ácidos gordos da carne do gado Gudali, Fulani Branco e Mbororo Vermelho.

A carne de animais alimentados com forragem contém proporções mais elevadas de CLA (Padre *et al.*, 2006), que apresenta propriedades anticarcinogénicas, e pode aumentar a proteína do corpo animal (Baublits *et al.*, 2006). Além disso, a carne de bovino proveniente de animais alimentados com forragem pode apresentar uma melhor relação entre os ácidos gordos n-6 e n-3, o que tem um impacto cardiovascular positivo (Baublits *et al.*, 2006; Razminowicz, *et al.* 2006). Realini *et al.*, (2004) salientaram que os animais alimentados em pastagens têm uma maior concentração de AGPI, ácidos esteárico (18:0), linoleico (LA), linolénico (LNA), araquidónico (20:4 n-6, AA), eicosapentaenóico (20:5 n-3, EPA) e docosapentaenóico (22:5 n-3, DPA) do que os animais alimentados com concentrados proteicos. Os ácidos gordos afectam a saúde humana de várias formas (doenças cardiovasculares, etc.). O quadro 15 resume os níveis de ácidos gordos referidos por vários autores.

Tabela 15: Perfil de ácidos gordos (em percentagem do total de ácidos gordos identificados) dos músculos Longissimus thoracis e lumborum, tal como referido na literatura

Ácidos gordos	Gama de valores	Fontes
C14:0	1.54-4.64	Aidai et al., (2006), Alfaia et al., (2007)
C14:lc9	0.18-0.45	Aidai et al., (2006)
C15:0	0.30 - 0.67	Aidai et al., (2006), Alfaia et al., (2007)
C16:0	23.30 - 30.85	Enser et al., (1996), Aidai et al., (2006) Wood et al., (2003), Alfaia et al., (2007)
C17:0	0.85-1.12	Aidai et al., (2006)
C17:lcl0	0.39 - 0.65	Aidai et al., (2006)
C18:0	13.4-16.7	Enser et al., (1996), Aidai et al., (2006) Wood et al., (2003), Alfaia et al., (2007)
C18:lt9	5.74 - 5.66	Aidai et al., (2006)
C18:lc9	14.56- 35.20	Aidai et al., (2006), Alfaia et al., (2007)
C18:2c9,12(n-6)	9.86-23.70	Aidai et al., (2006)
C18:2c9tll (n-6)	0.30-0.37	Alfaia et al., (2007)
C20:0	8.15-9.68	Aidai et al., (2006)
C18:3c9,12,15(n-3)	0.14-0.38	Aidai et al., (2006)
C22:0	1.05-1.85	Aidai et al., (2006)
C20:3cll,14,17(n-3)	0.40-1.16	Aidai et al., (2006)
C22:2cl3,16 (n-6)	0.24 - 0.49	Aidai et al., (2006)
PUFA[1]	13.58 - 32.16	Aidai et al., (2006)
MUFA[2]	26.39 - 35.71	Aidai et al., (2006)
SFA[3]	40.79 - 49.76	Aidai et al., (2006)
n-6[4]	5.23 - 29.45	Aidai et al., (2006), Alfaia et al., (2007)
n-3[5]	1.18-4.17	Aidai et al., (2006), Alfaia et al., (2007)
PUFA:SFA[6]	0.11-0.81	Enser et al., (1996), Aidai et al., (2006) Alfaia et al., (2007)
n-6:n-3[7]	1.32-11.79	Enser et al., (1996), Enser et al., (1998) Aidai et al., Ç2QQ6), Alfaia et al., (2007)

[1]PUFA (ácido gordo poli-insaturado) = PUFA n-3 + PUFA n-6

[2]MUFA (Ácido gordo monoinsaturado) = C14:lc9 + C17:lcl0 + C18:lt9 + C18:lc9[3] SFA (Ácido gordo saturado) = C14:0 + C15:0 + C16:0 + C 17:0 + C18:0 + C22:0[4] n-6 = C18:2c9, 12 (n-6) + C18:2c9tll (n-6) + C22:2cl3, 16 (n-6)

[5]n-3 = C18:3c9, 12, 15 (n-3) + C20:3cll, 14, 17 (n-3).

Fonte: Voster, M., (2007)

Ácidos gordos e saúde

O carácter saudável da carne está largamente relacionado com o seu teor de gordura e a sua composição em ácidos gordos (Fisher *et al.,* 2000). Os lípidos das forragens verdes contêm elevadas proporções de ácido a-linolénico (ALA). Este ácido gordo básico n-3 (ómega-3) pode ser endogenamente dessaturado e alongado em ácidos gordos de cadeia longa (Razminowicz *et al.,* 2006), como o ácido eicosapentaenóico (EPA), o ácido docosapentaenóico (DPA) e o ácido docosahexaenóico (DHA). Foi demonstrado que os ácidos gordos ómega 3, em particular os AGPI n-3 LC, exercem vários efeitos benéficos para a saúde (Simopoulos, *et al.,* 1999). Estes efeitos benéficos dos ácidos gordos n-3 foram demonstrados na prevenção secundária de doenças coronárias, hipertensão, diabetes tipo 2 e, em alguns doentes com doença renal, artrite reumatoide, colite ulcerosa, doença de Crohn e doença pulmonar obstrutiva crónica.

O aumento dos teores de n-3 na carne de bovino pode ser relevante para melhorar o abastecimento humano de LC- PUFA n-3 (Razminowicz *et al.*, 2006). Raes, *et al.*, (2003) relataram que os rácios n-6/n-3 eram mais elevados (5-7) para animais engordados em condições de produção altamente intensivas, em comparação com valores de 2,5-3,0 para animais de sistemas de produção extensivos. O rácio n-6/n-3 máximo recomendado é de 5:1 (Razminowicz *et al.*, 2006). O aumento do teor de ácidos gordos n-3 nos alimentos para animais pode, portanto, ser uma forma promissora e sustentável de melhorar o valor dietético da carne de bovino sem obrigar os consumidores a alterar os seus hábitos alimentares. Os ácidos linoleicos conjugados (CLA) são outro grupo de ácidos gordos, que ocorrem naturalmente nos alimentos derivados de ruminantes e aos quais são atribuídos vários efeitos benéficos para a saúde (Belury, 2002). No entanto, as provas científicas dos efeitos benéficos para a saúde dos seres humanos são variáveis e ainda pouco convincentes (Kramer, *et al.*, 1997). Há provas claras de uma maior proporção de ácidos gordos n-3 e de CLA na carne de bovinos alimentados com erva, em comparação com a carne de bovinos alimentados com silagem de milho e concentrado (Dannenberger, *et al.*, 2004). Entre os vários isómeros do CLA, o cis-9, trans-11 18:2 (18:2c9tll) é o isómero predominante que ocorre naturalmente nos produtos de ruminantes e acredita-se que seja benéfico para a saúde humana (Razminowicz *et al.*, 2006). O 18:2c9tll é principalmente um produto da de-saturação endógena do ácido trans-vacénico (18: Itll), que é o isómero 18:l-Trans predominante no gado alimentado com erva (Dannenberger *et al.*, 2004). Para além dos possíveis efeitos na saúde (Padre *et al.*, 2006; Barton, *et al.*, 2007), os perfis de ácidos gordos podem afetar as caraterísticas sensoriais da carne (Wood *et al.*, 2003).

1-3-4-3: Propriedades organolépticas/sensoriais

A análise sensorial pode ser uma ferramenta muito útil no estudo da qualidade alimentar da carne de bovino. Pode ser utilizada no controlo de qualidade e na avaliação do tempo de vida útil, como a estabilidade da cor da carne crua. A abordagem utilizada e a escolha do teste utilizado dependem do que se pretende. A definição da qualidade da carne exige um conhecimento não só da utilização pretendida, mas também da própria carne. A qualidade sensorial da carne refere-se ao aroma, à suculência, à cor e ao sabor da carne. O aroma é percepcionado como um odor que passa da boca para a zona nasal quando se volatiliza, ou é cheirado através das narinas. O sabor da carne é uma sensação complexa, que consiste no aroma e no paladar. A suculência da carne está relacionada com a capacidade de retenção de água da carne (Lawrie e Leward, 2006). Assim, quanto mais a carne conseguir reter a água, mais suculenta se torna e, se a carne não conseguir reter a água, terá um sabor seco e duro, uma vez que todo o líquido foi exsudado. A tenrura é o fator determinante da qualidade predominante e provavelmente a caraterística de qualidade mais importante da carne vermelha.

1-3-5: Alguns critérios utilizados na avaliação da qualidade da carne

a) Ternura da carne

A impressão geral da maciez da carne envolve três aspectos: a facilidade de penetração pelos dentes, a facilidade com que a carne se parte em fragmentos e a quantidade de resíduos deixados após a mastigação. A maciez da carne é influenciada pelo componente miofibrilar (ultra-estrutura das proteínas miofibrilares) e pelos componentes estromais (conteúdo, composição e estrutura das proteínas do tecido conjuntivo) (Muir *et al.*, 2000). As fibras musculares mais finas dos animais jovens são mais tenras do que as fibras musculares mais grossas dos animais mais velhos ou de grande porte. O colagénio é a principal proteína do tecido conjuntivo e constitui cerca de 25-30% da proteína total dos músculos. A maciez causada pelo tecido conjuntivo deve-se às ligações cruzadas entre as moléculas de colagénio. A carne de animais jovens, em crescimento, é tenra à primeira dentada porque o tecido conjuntivo é caracterizado por uma maior percentagem de colagénio solúvel associada a uma menor quantidade de tecido conjuntivo de ligação cruzada. Um aumento da idade do animal está relacionado com uma redução da proporção de colagénio solúvel em sal e em ácido, um aumento da extensão das ligações cruzadas intra e intermoleculares entre as cadeias polipeptídicas do colagénio e uma diminuição da solubilidade do colagénio no aquecimento, bem como uma diminuição da suscetibilidade ao ataque de enzimas.

Em geral, a maciez é o resultado direto da capacidade da enzima calpaína para degradar os discos Z no músculo esquelético. A maior parte da proteína muscular é então degradada através de outras vias, como a via lisossómica (Koohmaraie & Geesink, 2006).

b) pHu Post Mortem

A influência do pH do músculo/carne na qualidade da carne de bovino é muito importante, uma vez que fornece informações valiosas sobre a qualidade de conservação e as caraterísticas técnicas de processamento da carne. O pH do músculo vivo normal é de cerca de 7,2. Após a exsanguinação, a descarboxilação oxidativa e a fosforilação deixam de funcionar e qualquer metabolismo subsequente é anaeróbico. Em condições anaeróbias, o glicogénio é convertido em ácido lático que se acumula na carcaça do animal; o músculo acidifica-se progressivamente, provocando uma diminuição do pH muscular. O pH diminui ao longo do tempo à medida que a concentração de lactato na carcaça aumenta (Muchenje *et al.,* 2009b). O aumento da concentração de lactato ocorre porque a glicólise anaeróbica tem lugar após a morte (Muchenje *et al.,* 2009). A conversão do glicogénio em ácido lático continua até ser atingido um pH de 5,4 - 5,5 (o ponto isoelétrico das principais proteínas). A este pH, as enzimas que intervêm na degradação do glicogénio são inactivadas e a acidificação cessa. O pH diminui com o tempo à medida que a concentração de lactato na carcaça aumenta Piasentier *et al.,* (2009) e Corrazzin *et al.,* (2012); Muchenje *et al.,* 2009b. Se o ácido lático se acumula muito rapidamente quando o pH do músculo está a diminuir rapidamente, a desnaturação da proteína muscular pode resultar na perda de maciez da carne, perda de suculência e descoloração do músculo e, em casos extremos, o músculo pode tornar-se pálido, mole e exsudativo (PSE). Quanto mais elevado for o pH final, menor será a diminuição da WHC. O pH final é determinado pela extensão do declínio do pH 24 horas após o abate, que, por sua vez, depende do tipo de animal, da raça, das caraterísticas de criação e do tratamento do animal antes do abate. Após o abate, as reservas de glicogénio (energia) dos músculos dos animais são convertidas em ácido lático, o que provoca uma diminuição do pH. Desde que exista uma quantidade suficiente de glicogénio no momento do abate, o pH baixará para um intervalo normal de 5,4 a 5,7. Se não houver glicogénio suficiente (devido ao stress ou a uma má nutrição), o pH permanecerá acima do limite aceitável de pH 5,70 e a carne terá provavelmente uma cor escura, com uma má qualidade de conservação.

Em animais bem alimentados e sem stress, o pH final é atingido quando a carcaça atinge uma temperatura suficientemente baixa para evitar a desnaturação excessiva das proteínas. O valor do pH desce normalmente de 7,2 para cerca de 5,5. Em condições normais, os bovinos criados ao ar livre dispõem de glicogénio suficiente para que o pH final do músculo seja normal. Os animais criados ao ar livre não estão geralmente muito habituados à presença e ao manuseamento humano, o que também pode ter alguma influência na depleção de glicogénio antes do abate (Priolo *et al.,* 2001). Os animais criados ao ar livre têm uma cor de carne mais escura, enquanto os animais alimentados com cereais têm uma cor magra mais brilhante devido aos valores mais elevados de pH final encontrados nos animais alimentados com erva. O pH influencia muitos factores de qualidade da carne de bovino, entre os quais a cor, que reduz a aceitação, a decisão de compra e a satisfação dos consumidores Corrazzin *et al.,* (2012).

c) Cor da carne

Os consumidores baseiam as suas escolhas de compra na perceção da qualidade da carne. A cor torna-se sinónimo de qualidade da carne vermelha e é o principal ponto de venda, uma vez que o consumidor médio utiliza a descoloração como um indicador de falta de frescura e de valor nutricional da carne (Carpenter *etal.,* 2001).

A cor da carne é determinada principalmente pela concentração e estado químico dos pigmentos heme. A proteína sarcoplasmática mais responsável pela cor vermelha da carne é a mioglobina; no entanto, outras proteínas relacionadas que contêm um grupo heme, como a hemoglobina e o citocromo C, também afectam a cor da carne (Mancini & Hunt, 2005). A quantidade de mioglobina depende da espécie, raça, sexo, idade e tipo de músculo (Lawrie & Ledward, 2006). A mioglobina é constituída por uma única proteína polipeptídica, a globina, e por um grupo prostético, o heme, que consiste num anel de porfirina com um átomo de ferro localizado centralmente e com seis locais de coordenação (Mancini & Hunt, 2005).

As medições de cor são efectuadas utilizando o sistema de cores da "Commission International De l' Eclairage (CIE)" (CIE, 1976). As três coordenadas fundamentais da cor são L*, a* e b*. O L* mede a luminosidade e é uma medida da luz reflectida (100 = branco; 0 = preto); a* mede o vermelho positivo, o verde negativo e b* mede o amarelo positivo, o azul negativo.

d) Capacidade de retenção de água

Um dos aspectos qualitativos mais importantes da carne é a sua capacidade de retenção de água (WHC). Esta pode ser definida como a capacidade da carne de reter a sua própria água ou de absorver água adicionada durante a aplicação de qualquer força. Qualquer sistema que prolongue o prazo de validade da carne de bovino será sujeito a purga (Troy & Kerry, 2010).

A água na fibra muscular serve de lubrificante, bem como de meio de transporte de metabolitos. Cerca de 85% da água da célula muscular está contida nas miofibrilas. Durante a conversão do músculo em carne, o pH diminui até se aproximar do ponto isoelétrico da actina e da miosina, onde estas não têm carga eléctrica e tendem a perder a água que normalmente lhes está ligada. À medida que o valor do pH diminui, a carga líquida das proteínas que constituem a miofibrila aproxima-se de zero e a repulsão das estruturas no interior da miofibrila é reduzida, permitindo que as proteínas miofibrilares se agrupem mais estreitamente, deixando menos espaço para a água. Quando o pH está a diminuir, as proteínas também tendem a desnaturar, o que também afecta a WHC do músculo (Huff-Lonergan & Lonergan, 2005).

A WHC é um indicador importante da qualidade da carne. Uma CCQ demasiado baixa provoca a perda de água e dos componentes solúveis em água durante o tratamento térmico da carne, o que afecta não só o peso dos pratos acabados, mas também as suas propriedades sensoriais. Vários factores influenciam a WHC, como a diminuição do pH, a força iónica e a oxidação (Huff-Lonergan & Lonergan, 2005). A temperatura durante o armazenamento também afecta o WHC, sendo que uma temperatura elevada dá mais purga. O tamanho da amostra também afecta o WHC, uma fatia fina dá maior purga em comparação com um corte maior (Huff-Lonergan, 2005).

e) Perda por gotejamento

A exposição das proteínas a um pH baixo a altas temperaturas faz com que menos água seja retida entre as actinas e os filamentos de miosina, aumentando assim os exsudados (perda por gotejamento). A actina e a miosina são importantes para a formação de uma rede proteica necessária para a ligação da água e da gordura nos produtos de carne mais processados (Zhang et al., 2005). Uma descida rápida do pH ou um pH mais baixo tenderia a causar a desnaturação das proteínas e uma maior perda de gotejamento. Quando a carne é cortada, uma solução aquosa vermelha (que afecta negativamente o valor da carne), conhecida como chorume na carne não cozinhada, que não foi congelada e gotejamento na carne não cozinhada descongelada, escorre da superfície ao longo do tempo. A quantidade de chorume que se perde do músculo depende da quantidade de líquido libertado pela sua associação com as proteínas musculares, devido ao encolhimento da rede de filamentos finos e grossos. O tamanho da peça de carne também pode afetar a percentagem do produto que se perde sob a forma de gotejamento. As peças de carne mais pequenas perdem relativamente mais gotas do que as peças de carne maiores. A perda de gotejamento é de grande importância devido às suas implicações financeiras. Geralmente, a carne de bovino com elevada perda de gotejamento tem um aspeto pouco atrativo e, por isso, tem baixa aceitação por parte do consumidor, o que leva à perda de vendas. Também diminui a maciez e a suculência da carne, o que consequentemente diminui a procura de carne de bovino por parte dos consumidores.

f) Perda de cozinhados

A perda por cozedura refere-se à redução do peso da carne de bovino durante o processo de cozedura e varia entre 13,1% e 34,5%, de acordo com Vestergaard *et al.* (2000); Strydom *et al.* (2000); Razminowicz *et al.* (2006), o que pode ser atribuído a vários factores, tais como diferenças no envelhecimento, método de cozedura aplicado, temperaturas de cozedura, duração das temperaturas de cozedura, pH e marmoreio.

O processo de cozedura da carne de bovino é um instrumento importante para a apreciação da qualidade da carne de bovino pelos consumidores e pelas indústrias de transformação de carne de bovino. A cozedura é um processo de aquecimento da carne de bovino a temperaturas suficientemente elevadas que desnatura as proteínas e a torna menos dura e fácil de consumir. Pode ser efectuada quer por cozedura quer por assadura e em todos os casos ocorrem perdas. Um aumento das perdas por cozedura tem um grande impacto financeiro no sector da carne de bovino, uma vez que resulta na perda de vários minerais e vitaminas essenciais. Isto resulta na deterioração da qualidade nutricional da carne de bovino (Muchenje *et al.*, 2008a; 2008b). Apesar da sua importância como caraterística de qualidade da carne de bovino, estudos anteriores sobre a qualidade da carne de bovino criada em sistemas de produção de gado com poucos factores de produção em pastagens naturais não consideraram a perda por cozedura (Muchenje *et al.*, 2008a).

g) Teor de proteínas

A carne vermelha, em particular, é considerada uma proteína animal de alto valor porque contém todos os aminoácidos essenciais em quantidades equivalentes às necessidades humanas; é altamente digerível e facilmente absorvível. As porções magras de carne vermelha contêm 19 a 23% de proteínas (Hocquette *et al.*, 2010). Este teor varia inversamente com a quantidade de gordura presente e, devido às perdas de humidade e gordura durante a cozedura, aumenta de 25 a 30 por cento na carne cozinhada. Do mesmo modo, o teor de proteínas do músculo diminui quando o teor de gordura aumenta (Hocquette *et al.*, 2007).

h) Teor de humidade

O teor de humidade do músculo é elevado quando o teor de gordura é baixo e o contrário também se aplica. As carcaças mais magras dos animais criados ao ar livre têm um teor de humidade muscular mais elevado. A determinação do teor de humidade (ou teor de água) é feita através da secagem de uma quantidade adequada da amostra. A diferença de peso entre as amostras frescas e secas representa o teor de humidade. O teor de matéria seca da carne de bovino pode ser obtido subtraindo a percentagem de humidade de 100

i) Conteúdo gordo

As gorduras animais contribuem com aproximadamente 60% dos AGS na dieta americana, a maioria dos quais são ácido palmítico (C16:0) e ácido esteárico (C18:0). Foi demonstrado que o ácido esteárico não tem qualquer impacto líquido nas concentrações de colesterol no soro dos seres humanos. Além disso, 30% do conteúdo de FA na carne de vaca produzida convencionalmente é composto por ácido oleico (C18:1), um FA monoinsaturado (MUFA) que provoca um efeito de redução do colesterol entre outros atributos saudáveis, incluindo um risco reduzido de acidente vascular cerebral e uma diminuição significativa da pressão arterial sistólica e diastólica em populações susceptíveis (Daley *et al.*, 2010).

Além disso, as mudanças nas dietas de acabamento dos bovinos convencionais podem alterar o perfil lipídico de forma a melhorar este pacote nutricional. Embora existam diferenças genéticas, relacionadas com a idade e o género entre as várias espécies produtoras de carne no que diz respeito aos perfis e rácios lipídicos, o efeito da nutrição animal é bastante significativo (De Smet *et al.*, 2004). Independentemente da composição genética, do sexo, da idade, da espécie ou da localização geográfica, os contrastes diretos entre as rações à base de erva e de cereais demonstram consistentemente diferenças significativas no perfil geral de ácidos gordos e no teor de antioxidantes encontrados nos depósitos lipídicos e nos tecidos corporais (De Smith *et al.*, 2004).

O quadro 16 descreve alguns critérios utilizados na avaliação da qualidade da carne e uma gama de valores a considerar ao determinar as caraterísticas de qualidade da carne de bovino, tal como referido por outros investigadores neste domínio.

Quadro 16: Algumas caraterísticas da qualidade da carne de bovino e intervalos de valores comunicados

Caraterísticas da qualidade da carne de bovino	Gama de valores	Fontes
Leveza (L*)	33.2-41.0	Muir *et al.* (2000), Strydom *et al.* (2005), Zhang *et al.* (2005), Razminowicz *et al.* (2006)
Vermelhidão(a*)	11.1-23.6	Muir *et al.* (2000), Byrne *et al.* (2000), Strydom *et al.* (2005), Zhang *et al.* (2005), Razminowicz *et al.* *(HUM)*
Amarelecimento (b*)	6.1- 11.3	Muir *et al.* (2000), Strydom *et al.* (2005), Zhang *et al.* (2005), Razminowicz *et al.* (2006)
Saturação de cor	16.1 -20.9	Strydom *et al.* (2005), Zhang *et al.* (2005)
Comprimento do sarcómero (gm)	1.7-2.3	Strydom *et al.* (2000), Maher *et al.* (2005), Strydom *et al.* (2005), Stolowski *et al.* (2006)
WBSF2 (Kg)	38.1 - 143.6	Byrne *et al.* (2000), Campo *et al.* (2000), Muir *et al.* (2000), Maher *et al.* (2005),
WBSF21 (Kg)	16.9-59.9	Campo *et al.* (2000), Muir *et al.* (2000), Sañudo *et al.* (2004)
MFL2 (gm)	34.2	Strydom *et al.* (2005)
MFL14 (gm)	24.7	Strydom *et al.* (2005)
pH	5.5 -6.7	Lahucky *et al.* (1998), Maher *et al.* (2005), Razminowicz *et al.* (2006)
Perda por gotejamento (%)	0.1 -3.9	Byrne *et al.* (2000), Strydom *et al.* (2005), Revilla & Vivar-Quintana (2006)
Capacidade de retenção de água (%)	37.0 - 72.7	Strydom *et al.* (2005), Zhang *et al.* (2005), Revilla & Vivar-Quintana (2006)
Perda de cozedura (%)	13.1 -34.5	Byrne *et al.* (2000), Vestergaard *et al.* (2000), Strydom *et al.* (2005), Razminowicz *et al.* (2006)
Humidade (%)	73.9- 74.1	Maher *et al.* (2005),
Teor de proteínas (%)	22.7 - 22.9	Maher *et al.* (2005),

Teor de gordura (%)	0.8-3.0	Vestergaard *et al.* (2000), Maher *et al.* (2005), Aidai *et al.* Alfaia et al. (2007)

Fonte. Vostei, M., (2007)

1-4: Pontuação da condição corporal

1-4-1: Avaliação do índice de condição corporal dos animais

Para avaliar corretamente a condição corporal dos bovinos, o avaliador deve estar familiarizado com as estruturas esqueléticas e com o posicionamento do músculo e da gordura. A escala normalmente utilizada é de 1 a 9, sendo 1 para emaciado e 9 para obeso. Os avaliadores podem facilmente observar os bovinos em condições de pastagem para obterem os índices de condição corporal. A familiaridade com as principais estruturas esqueléticas listadas na figura 8 é necessária para aplicar uma pontuação precisa da condição corporal.

A pontuação da condição corporal é uma medida subjectiva, o que significa que um produtor pode obter uma pontuação ligeiramente diferente de outro. O avaliador pode ganhar experiência com o uso de escores de condição corporal agrupando o gado em uma das quatro categorias: LEAN (1 a 3), BORDERLINE (4), MODERATE (5 e 6) ou FAT (7 a 9). Com o passar do tempo, à medida que o produtor se familiariza com os detalhes de cada escore de condição corporal específico, essas categorias podem ser divididas em escores de condição real (Richard *et al.,* 2007). A figura 8 mostra as estruturas utilizadas na avaliação do índice de condição corporal de um animal.

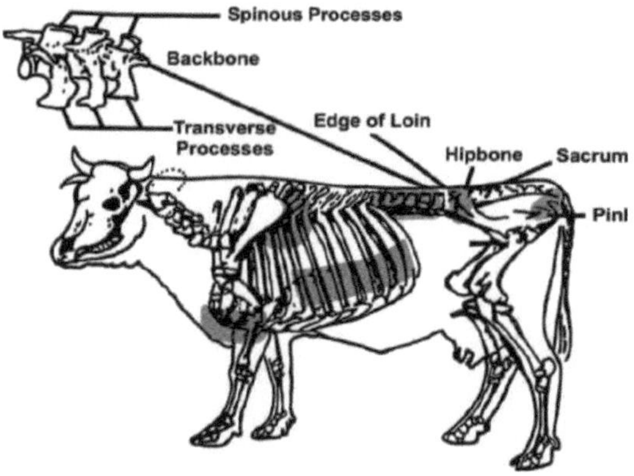

Figura 8: Estruturas esqueléticas de uma vaca utilizadas para o índice de condição corporal Fonte: Nicholson e Butterworth (1986)

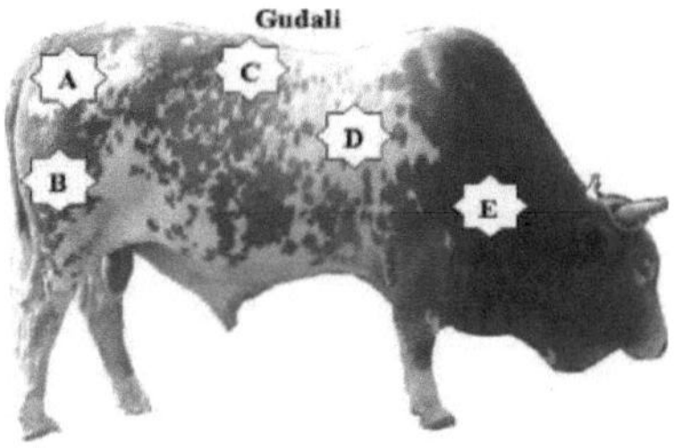

Figura 9: Factores de bom rendimento

Principais pontos de manuseamento dos bovinos de carne (Figura 9)

R: Sobre os ossos dos pinos e de cada lado da cabeça da cauda

B: O redondo (quarto traseiro)

C: As apófises transversas do lombo

D: Sobre as costelas

E: A linha e a omoplata.

1-4-2: Os perfis mais importantes para a avaliação da carcaça

A figura 10 mostra alguns dos perfis mais importantes necessários para avaliar eficazmente as carcaças de bovinos.

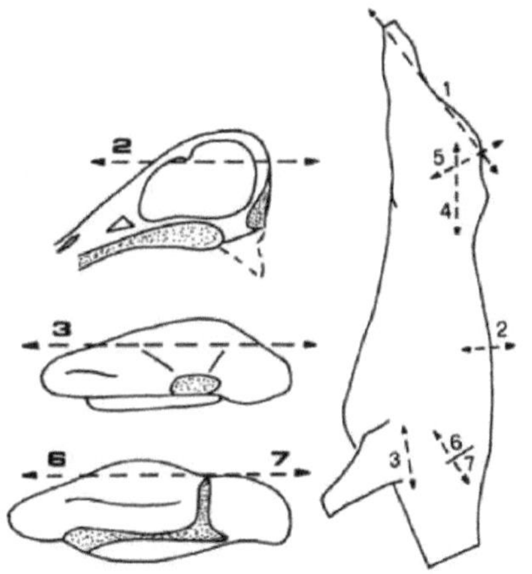

Figura 10: Perfil de avaliação da carcaça para avaliação da conformação (vista dorsal)

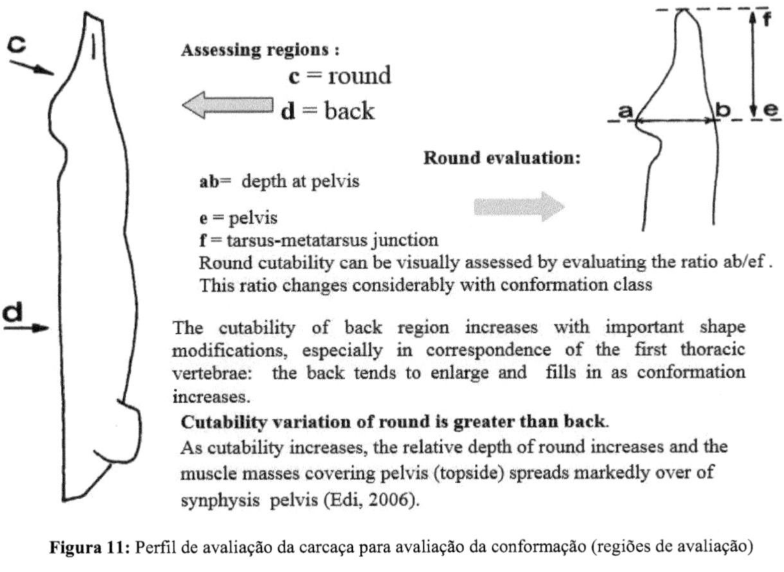

Figura 11: Perfil de avaliação da carcaça para avaliação da conformação (regiões de avaliação)

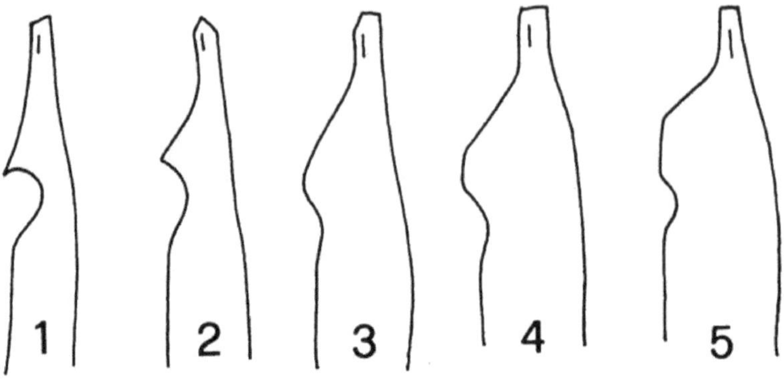

Figura 12: Perfil de avaliação da carcaça para avaliação da conformação (Evolução do perfil dorsal da carcaça nas várias classes de conformação)

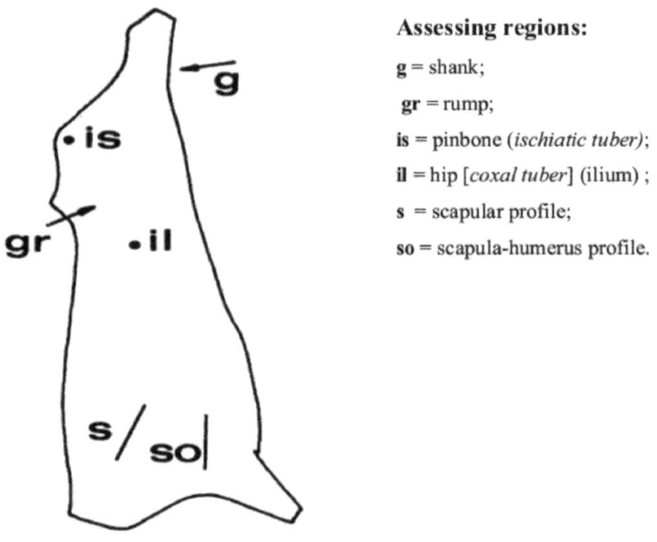

Figura 13: Perfil de avaliação da carcaça para avaliação da conformação (vista lateral)

Esta vista permite avaliar as caraterísticas da **alcatra**, nomeadamente através das alterações da forma do perfil ísquio-társico. A capacidade de corte da **alcatra** pode ser avaliada comparando o desenvolvimento dos músculos com o da base óssea reconhecível pelos pontos **is** e **il**. O desenvolvimento da capacidade de corte da espádua é avaliado nos perfis escapular e escápulo-umeral (Edi, 2006).

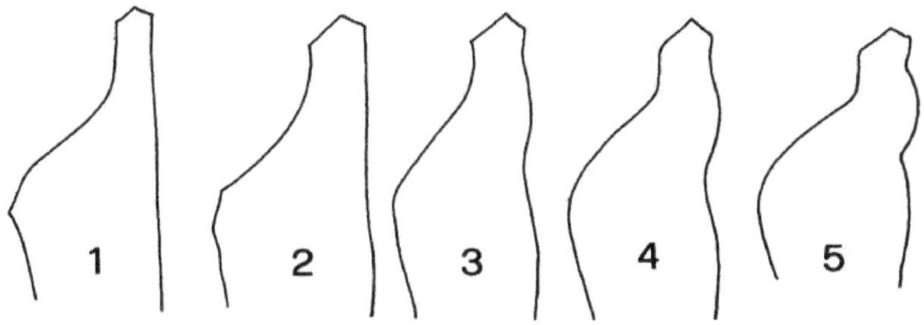

Figura 14: Perfil de avaliação da carcaça para avaliar a conformação através do desenvolvimento muscular

Da figura 14 acima, o desenvolvimento dos músculos redondos corresponde à melhoria da conformação. Muito pouco pronunciado na classe "P", caracterizado por um perfil praticamente linear inferior-lateral; os músculos redondos aumentam progressivamente de uma classe para a outra, formando na classe "E" uma massa em forma de globo muito pronunciada (Edi, 2006).

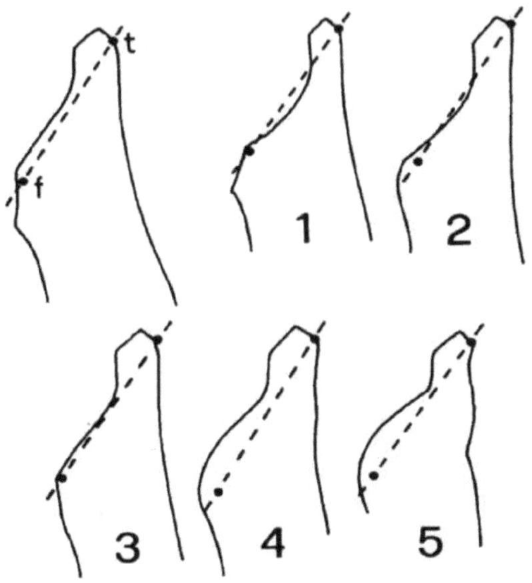

Figura 15: Forma do perfil ísquio-tarso (f-t) nas diferentes classes de conformação

A figura 15 mostra e ilustra a forma do perfil ísquio-társico (f-t) nas diferentes classes de conformação. O perfil f-t é avaliado lateralmente, avaliando o desenvolvimento redondo em relação à linha que vai do osso do pino ao ponto medial do tarso (Edi, 2006).

O sistema de avaliação de carcaças utilizado na maior parte dos países da União Europeia (UE) e reconhecido internacionalmente é ilustrado nas figuras seguintes, juntamente com uma descrição clara do modo como a avaliação pode ser efectuada.

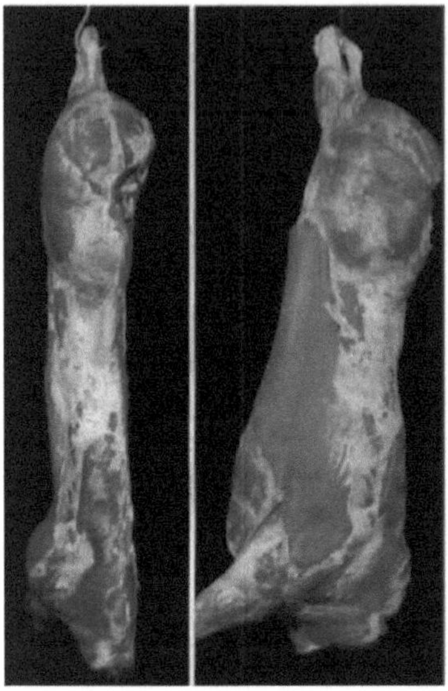

S: Superior

Todos os perfis: Extremamente convexo, desenvolvimento muscular excecional (tipo de carcaça duplamente musculada).

Redondo: Duplamente musculado, muito arredondado, costuras visivelmente separadas.

Alcatra: Muito arredondada

Parte superior: Espalha-se de forma notável sobre a sínfise pélvica.

Dorso: Muito largo e muito grosso até aos ombros.

Espádua: muito arredondada (Edi, 2006).

Figura 16: Perfil de carcaça avaliado como superior

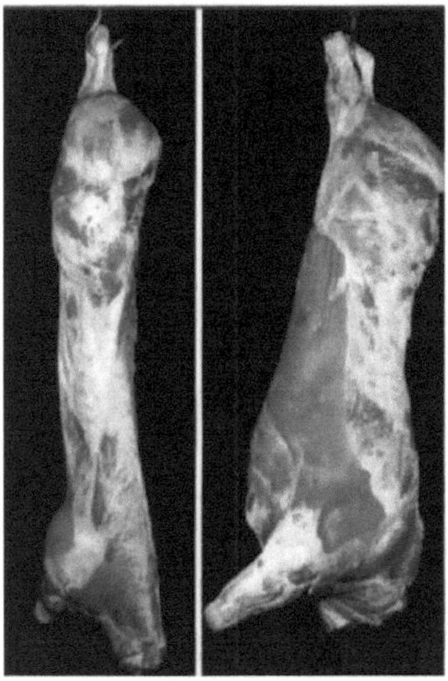

E: Excelente

Todos os perfis: Convexo a super convexo, desenvolvimento muscular excecional.

Redondo: Muito arredondado.

Alcatra: Muito arredondada.

Parte superior: Espalha-se de forma notável sobre a sínfise pélvica.

Dorso: Largo e muito grosso até aos ombros.

Ombro: Muito arredondada (Edi, 2006).

Figura 17: Perfil da carcaça avaliado como excelente

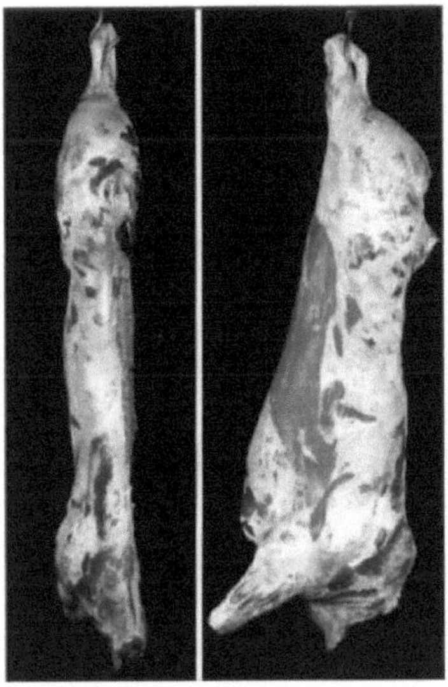

U: Ultra Bom (Muito Bom)

Todos os perfis: No geral convexo, muito bom desenvolvimento muscular.

Redondo: arredondado.

Alcatra: arredondada.

Parte superior: Espalha-se sobre a sínfise pélvica.

Dorso: Largo e muito grosso até aos ombros.

Ombro: arredondado.

(Edi, 2006).

Figura 18: Perfil da carcaça avaliado como Ultra Bom ou Muito Bom

R: Regular (Bom)

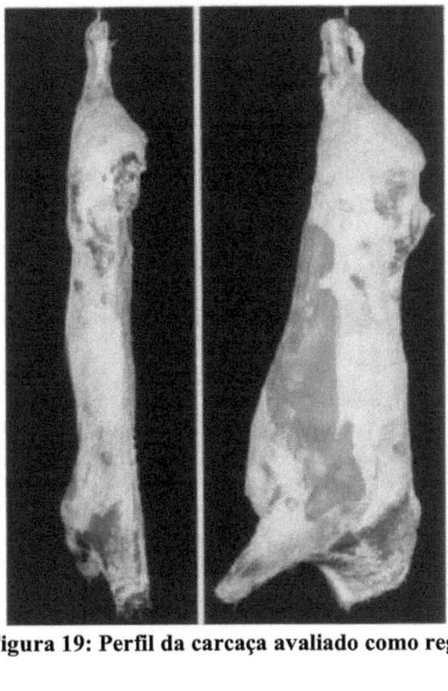

Perfis: No geral, retilíneo, bom desenvolvimento muscular.

Redondo: Bem desenvolvido.

Alcatra: Ligeiramente arredondada.

Face superior: Ligeiramente arredondada.

Dorso: Ainda grosso, mas menos largo nos ombros.

Ombro: Bastante desenvolvida.

(Edi, 2006).

Figura 19: Perfil da carcaça avaliado como regular ou bom

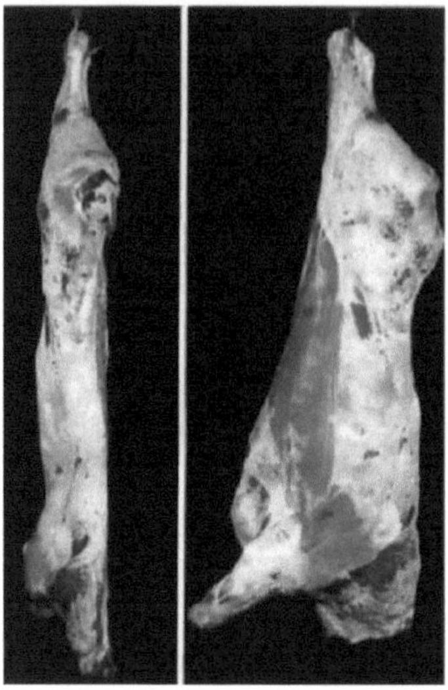

O: Ordinário (Justo)

Perfis: Reto a côncavo, desenvolvimento muscular médio.

Redondo: Desenvolvimento médio a desenvolvimento deficiente.

Alcatra: Ligeiramente perfilada.

Dorso: Espessura média a falta de espessura.

Ombro: Desenvolvimento médio a quase plano.

(Edi, 2006)

Figura 20: Perfil da carcaça avaliado como Ordinário ou Razoável

P: Pobre

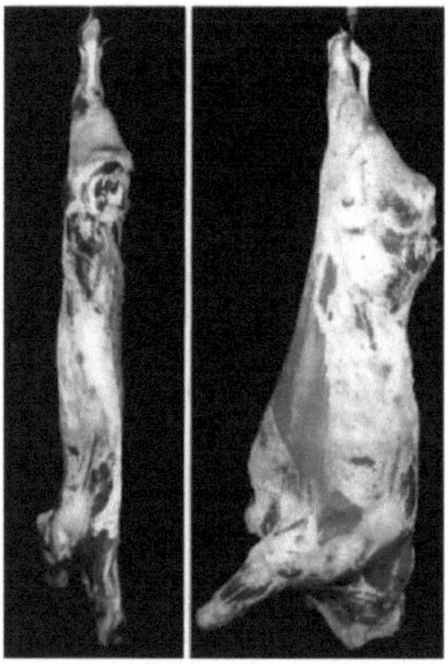

Todos os perfis: Côncavo a muito côncavo, fraco desenvolvimento muscular.

Redondo: Pouco desenvolvida

Dorso: Estreito com ossos visíveis

Ombro: Plano com ossos visíveis

(Edi, 2006)

Figura 21: Perfil da carcaça avaliado como medíocre

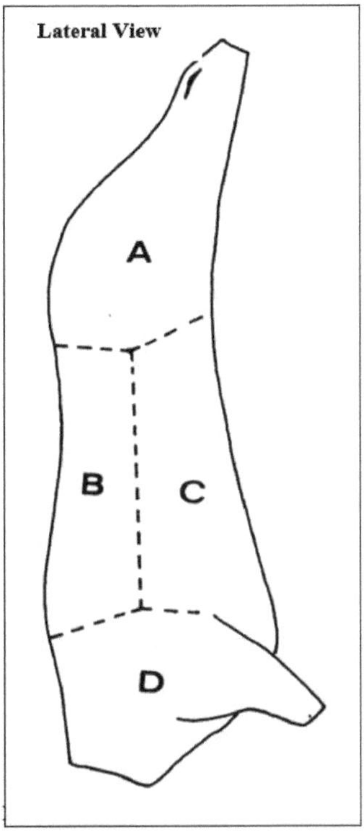

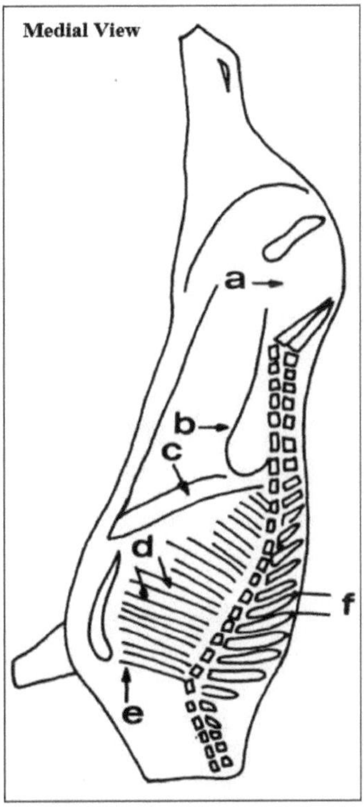

Vista lateral

A = redondo

B = para trás

C = peito, prato e flanco

D = ombro e pescoço

Vista medial

a = pélvis

b = rim

c = diafragma

d = bordo da nervura e espaço entre nervuras

e = peito

f = *longissimus dorsi,* espaço intercostal e processo espinhoso (Edi, 2006).

Figura 22: Regiões da carcaça examinadas para avaliar a camada de gordura

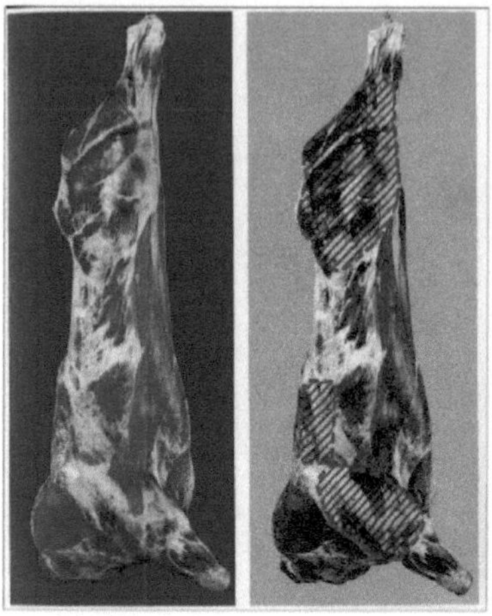

Figure 23: Low Fat cover: none to low.

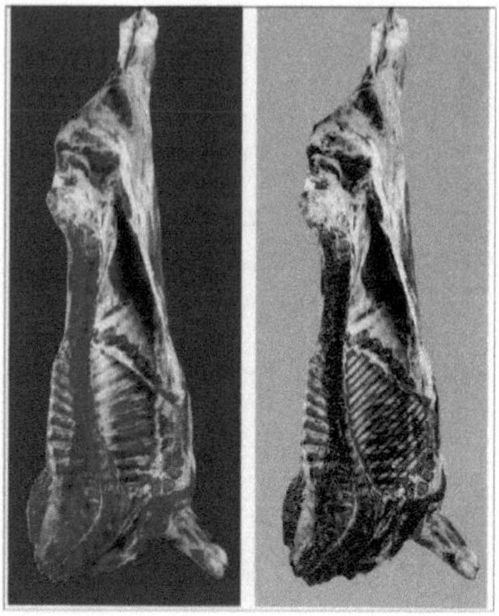

Figure 24: Low Within thoracic cavity no fat

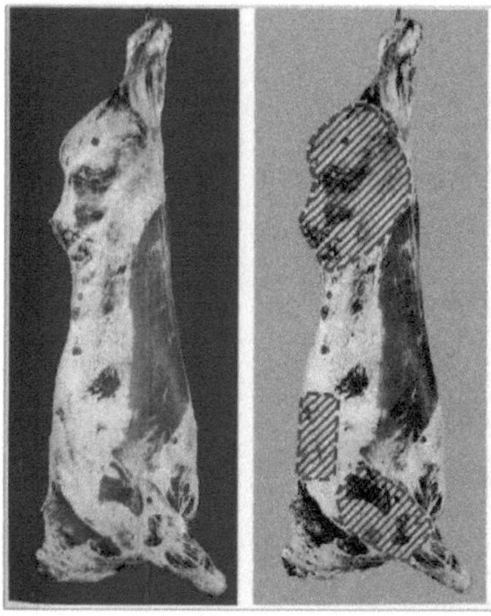

Figure 25: Slight Fat cover
Slight flesh visible almost everywhere

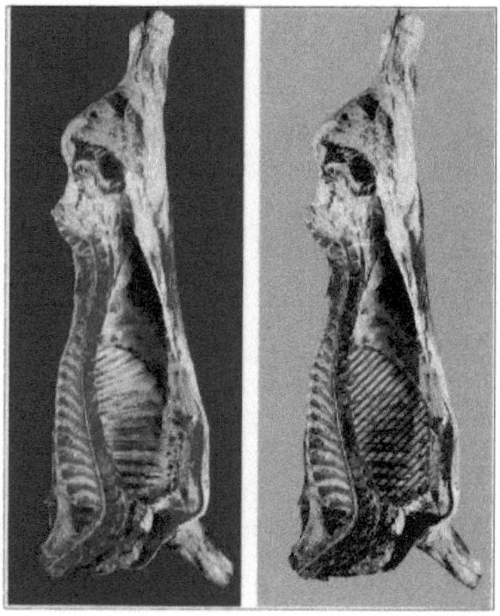

Figure 26: Slight Within thoracic cavity. The muscle is clearly visible between the ribs (Edi, 2006)

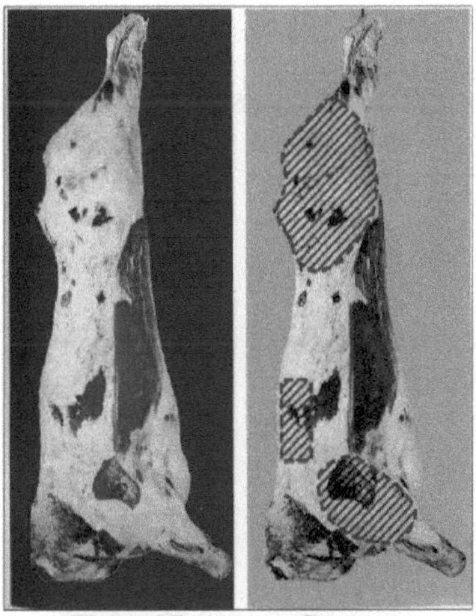

Figure 27: Average Fat cover
Flesh covered almost everywhere with fat, with exception of the round and shoulder.

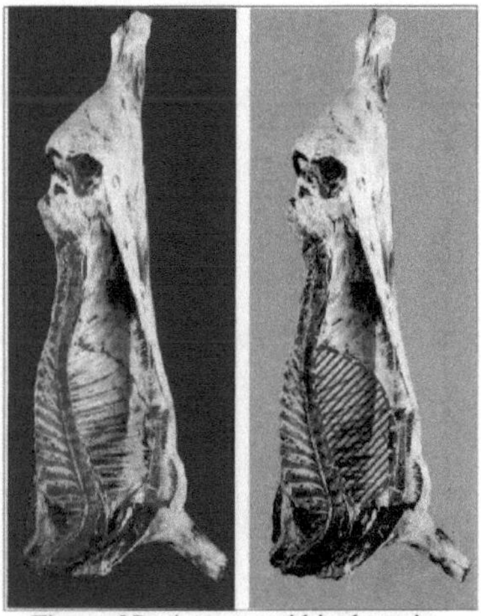

Figure 25 : Average within thoracic cavity Slight deposits of fat, the muscle is still visible between the ribs

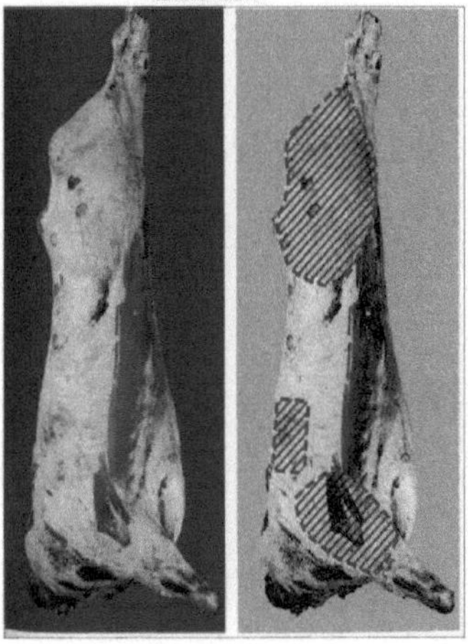

Figure 26: High Fat cover
Flesh covered with fat, but on the round and shoulder flesh partly visible, seams of fat on the round are prominent (Edi, 2006).

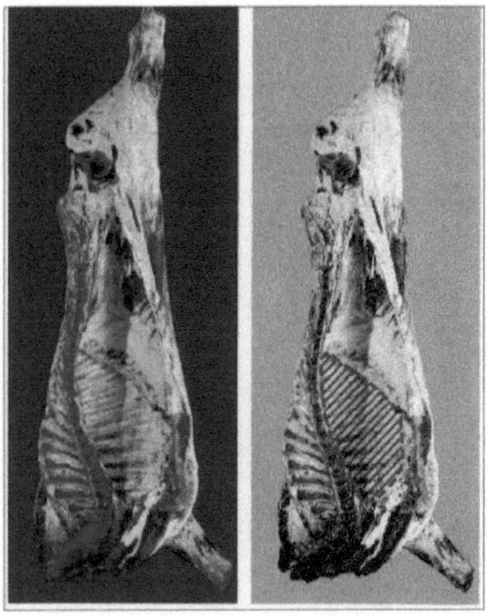

Figure 27: High Within thoracic cavity
Some distinctive fat deposits, the muscle between the ribs may be infiltrated with fat (Edi, 2006).

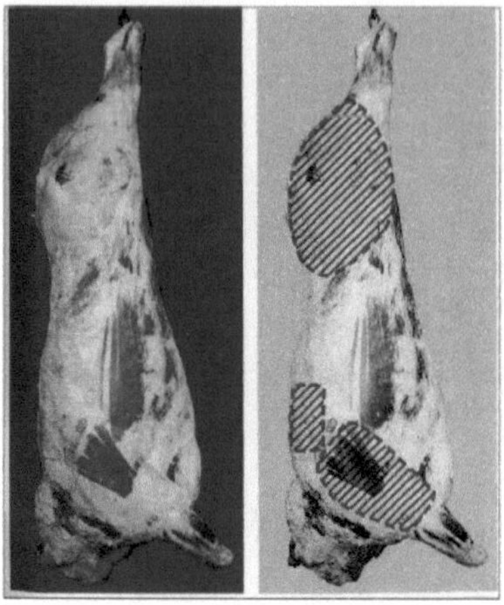

Figure 31: Very high Fat cover. Entire carcass covered, the round is almost completely covered so that the seams of fat are no longer clearly visible (Edi, 2006).

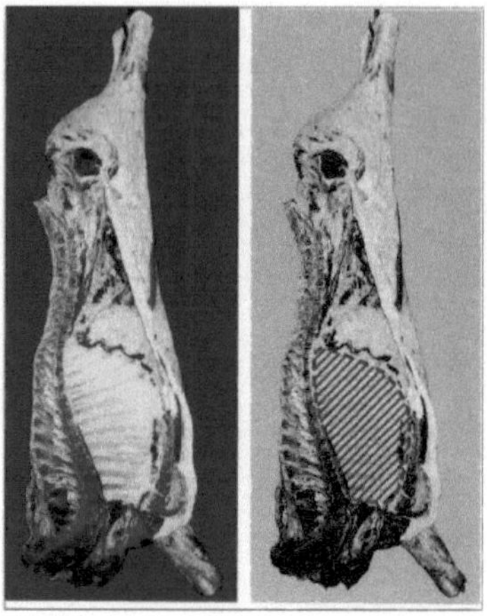

Figure 32: Very high fat cover Within thoracic cavity: heavy deposits of fat, the muscle between the ribs is infiltrated with fat (Edi, 2006).

CAPÍTULO 2: MATERIAL E MÉTODOS

2- 1: Área de estudo

Este estudo foi realizado no matadouro de Etoudi da SODEPA (Société de Développement et d'Exploitation des Productions Animales) durante o período de janeiro de 2009 a março de 2012. Este matadouro é gerido pelos serviços do Ministério da Pecuária, das Pescas e da Indústria Animal (MINEPIA). No matadouro SODEPA, o pessoal veterinário da delegação regional da pecuária, da pesca e da indústria animal da região centro é responsável pela inspeção veterinária. O estudo foi realizado junto dos inspectores veterinários a quem foi atribuída essa responsabilidade e que são os únicos autorizados a condenar órgãos ou carcaças não aceitáveis para consumo humano.

O matadouro SODEPA Etoudi está situado em Yaoundé, a capital dos Camarões. Yaoundé cobre uma superfície de 304 km2 e está situada a 3°52 "N e 11°31 "E. Situa-se numa rede de colinas dominadas a noroeste pelas montanhas Mbam Minkom (1 295m) e Nkolodom (1 221m). Yaoundé tem uma precipitação anual de aproximadamente 1747 mm, com a estação das chuvas a decorrer de março a outubro, intercalada por um mês de tempo seco em agosto de cada ano. A temperatura média anual é de 23 °C, com o pico de calor a ocorrer entre os meses de dezembro e fevereiro, enquanto julho e agosto são os meses mais frios (Mboussi *et al.*, 2012).

Yaoundé tem uma população de 2,6 milhões de habitantes (Bucrep, 2010). A criação de gado na periferia de Yaoundé é predominantemente de aves de capoeira, suínos e pequenos ruminantes (ovinos e caprinos). O gado abatido no matadouro da SODEPA provém de outras partes do país, especialmente das regiões do Norte, do Leste e do Noroeste. O matadouro da SODEPA recebe e abate cerca de 6000 cabeças de gado por mês e a produção mensal de carne de bovino é estimada em cerca de 1240 toneladas.

Todas as cinco zonas agro-ecológicas do país foram visitadas e em cada zona foram identificadas e caracterizadas todas as raças de gado que estavam a ser criadas. As raças de gado peculiares identificadas nas diferentes zonas foram fotografadas, por exemplo, a raça Kuri foi identificada apenas no Extremo Norte. Na região Noroeste, foram tiradas fotografias do Mbororo Vermelho e do Fulani Branco, enquanto que no planalto de Adamawa foram tiradas fotografias da raça Gudali. Algumas raças, como as raças Kapsiki, Ndama, Namchi e Toupouri, foram identificadas e fotografadas durante a exposição agro-pastoril em Ebolowa, em 2011.

2- 2: Materiais

Foram selecionados aleatoriamente 1953 bovinos para a recolha de dados. Desta população, 60 touros (19 GU, 20 WF e 21 RM) foram selecionados para estudos mais detalhados, a fim de avaliar o efeito da raça na qualidade da carne de bovino dentro da categoria mais importante de animais abatidos, ou seja, touros zebuínos de 3 a 5 anos de idade. As análises foram efectuadas no laboratório de ciências da carne do matadouro SODEPA -Yaoundé, no laboratório de nutrição animal da Universidade de Dschang e no laboratório de ciências da carne da Universidade de Udine - Itália.

2- 3: Métodos

2- 3-1: Inspeção ante mortem

2- 3-1-1: Identificação de patologias

O exame físico foi efectuado em todos os animais apresentados para abate no matadouro antes do abate. Os animais foram examinados por inspeção visual, quer em repouso quer em movimento, a fim de identificar condições anormais.

Seguindo as normas dos procedimentos de inspeção ante mortem (Gracey, 1986), o exame físico envolveu principalmente a inspeção visual do comportamento geral dos animais, do estado nutricional (condição corporal), do pelo, dos ectoparasitas, da limpeza, dos sinais de doença e das anomalias de qualquer natureza. As condições específicas que foram objeto de observação incluíram as seguintes

> **Emaciação**

A emaciação é definida para efeitos do presente estudo como qualquer animal com pele enrugada e coriácea, pelo áspero, incluindo ossos proeminentes e olhos encovados. Esta situação pode estar associada a doenças crónicas e parasitárias como a fasciolíase e a tuberculose nos bovinos.

> **Lesões cutâneas de tipo fúngico**

Define-se como qualquer animal com tecido queratinizado (pele e pelo) caracterizado por manchas de perda de pelo com formação de crostas branco-acinzentadas, sendo alguns casos supurativos.

> **Dificuldade respiratória**

O desconforto respiratório era indicado por qualquer animal que apresentasse uma respiração difícil ou difícil (dispneia) ou uma respiração considerada mais rápida do que o normal. Os casos de tosse foram também considerados como problemas respiratórios.

> **Ectoparasitas**

No presente estudo, os ectoparasitas significam a presença de carraças fixadas no animal.

> **Lesões nodulares**

Qualquer animal com nódulos cutâneos de qualquer tamanho no corpo foi considerado neste estudo como tendo lesões nodulares.

> **Abcesso**

O abcesso é definido como qualquer animal com uma tumefação localizada ou uma coleção de pus separada do tecido circundante por uma cápsula fibrosa.

> **Descargas**

Foi considerado como qualquer animal com qualquer forma de descarga dos orifícios naturais, incluindo ocular, oral, nasal, prepucial ou vaginal

2- 3-1-2: Identificação das caraterísticas técnicas do Zoo

Origem: foi registada com base na resposta dada pelo proprietário do gado quanto à proveniência do animal.

Zona ecológica: A savana alta da Guiné, o planalto ocidental, a floresta tropical e o Sudano Sahelien foram determinados com base nas informações fornecidas sobre a origem do gado.

As raças foram identificadas com base nas suas caraterísticas físicas, tal como descrito no capítulo 1, secção 1-2-3-4 (Raças bovinas autóctones dos Camarões).

O sistema de produção: transumância, sedentarismo, nomadismo e pecuária foi determinado com base na descrição do capítulo 1, secção 1-2-4, de acordo com as informações recebidas do proprietário do gado.

O meio e a duração do transporte foram determinados com base nas informações recebidas do proprietário do gado sobre a forma como o animal foi transportado para o matadouro (por comboio, camião ou a pé)

O sexo foi determinado através da avaliação visual dos órgãos reprodutores (Touro, Castrado, Vaca e Novilha)

Idade (em anos): foi estimada através da contagem do número de anéis ou sulcos encontrados nos cornos do animal. Um único anel foi considerado como representando um ano de idade.

2- 3-1-3: Índice de condição corporal (ICC)

A avaliação da condição corporal foi efectuada segundo o método de Nicholson e Butterworth (1986), que permite classificar os animais em magros, médios ou gordos.

2- 3-2: Inspeção post mortem

2- 3-2-1: Identificação de patologias

Um máximo de vinte animais por dia de inquérito identificados com problemas de saúde ante mortem foram seguidos para inspeção post mortem. A inspeção era feita principalmente por exame visual, palpação e incisão sistemática dos órgãos. Órgãos como o fígado, o coração, os pulmões, os rins, a língua, os gânglios linfáticos, os intestinos e as carcaças eram inspeccionados e decidia-se se as carcaças eram adequadas para consumo humano ou se deviam ser parcial ou totalmente condenadas. Os órgãos afectados eram aparados (parcialmente condenados) ou totalmente condenados, consoante o grau de infeção. O peso do órgão (total ou parcial) condenado foi registado. Foram identificadas as doenças post mortem.

Fasciolíase

A fasciolíase era considerada como a presença de vermes hepáticos no interior dos canais biliares, que podem ter-se tornado alargados e espessos. A decisão sobre a condenação do fígado dependia da extensão das lesões causadas pelos vermes no órgão. Em alguns casos, a zona afetada era aparada e o fígado restante era passado para consumo.

Cirrose hepática

Os fígados que se apresentavam nodulares ou aumentados de tamanho e de cor amarelada eram considerados como um caso de cirrose hepática e considerados como uma condenação total do órgão.

Abcesso

O abcesso foi definido como qualquer animal com uma tumefação localizada ou uma coleção de pus separada do tecido circundante por uma cápsula fibrosa. Esta tumefação pode estar localizada num órgão, como o pulmão ou o fígado, caso em que se decidiu pela condenação parcial ou total do referido órgão. Os órgãos com abcessos múltiplos eram totalmente condenados.

Tuberculose

A definição de tuberculose era a de qualquer animal que apresentasse tubérculos nos gânglios linfáticos, nos pulmões, no fígado, no baço, nos rins, na pleura e no peritoneu. As decisões em caso de tuberculose incluíam a condenação apenas do órgão afetado ou a condenação de toda a carcaça em caso de infeção generalizada, em que vários órgãos eram afectados.

Pneumonia

Qualquer animal com um pulmão aumentado e sólido, com espaços interlobulares alargados aquando da incisão, foi considerado neste estudo como um caso de pneumonia. Nestes casos, o julgamento foi a condenação total do pulmão afetado.

Mastite

A mastite foi definida como qualquer animal cujo úbere se apresentava inchado na inspeção ante mortem e que depois apresentava um parênquima do úbere acastanhado com linfonodos supramamários aumentados na inspeção post mortem.

Peritonite

A peritonite foi identificada como qualquer animal com aderência dos intestinos, bem como do rúmen e do retículo, incluindo um avermelhamento geral dos referidos órgãos.

A avaliação da percentagem de órgãos e carcaças condenados foi efectuada de acordo com Tham *et al.,* (1981). A percentagem de órgãos condenados e a percentagem de condenação total foram calculadas utilizando as seguintes fórmulas

$$\% \text{ de órgãos condenados} = \frac{\text{número de órgãos condenados por uma razão específica}}{\text{Número total de animais abatidos}} \times 100$$

$$\% \text{ do total de condenados} = \frac{\text{número de órgãos condenados por um motivo específico}}{\text{Número total de órgãos condenados}} \times 100$$

2- 3-2-2: Avaliação da carcaça

Gordura da carcaça: O modelo comunitário de classificação da gordura da carcaça foi utilizado para classificar a gordura da carcaça como baixa, ligeira, moderada ou elevada.

Cor magra: A cor magra foi avaliada na região pélvica, na secção exposta dos músculos semi-membranosos após a remoção da cauda, e classificada numa escala de 1 a 3 (1 = rosa, 2 = vermelho, 3 = vermelho escuro).

A cor da gordura subcutânea foi avaliada visualmente no lado lateral da carcaça como branca, creme ou amarela. A cor da gordura subcutânea (S.c.) foi classificada numa escala de 1 a 3 (1 = branco, 2 = creme, 3 = amarelo), tal como descrito por Edi (2006).

Peso da carcaça: O peso da carcaça foi medido com uma balança universal (Romaine crochet de 150 kg / 20). O peso dos quatro quartos foi medido individualmente e adicionado.

A conformação da carcaça foi avaliada de acordo com o modelo da UE (UE, 1981/1991), que foi adaptado às condições dos zebus nos Camarões de acordo com três categorias principais: pobre, normal (normal baixo, normal médio, normal alto) e regular.

Durante a inspeção ante mortem foram observados **traumatismos e lesões**, tendo sido registados casos de pernas partidas. Após a inspeção post mortem, foi observada a presença ou ausência de hemorragia na carcaça.

2- 3-3: Amostragem de carne

Imediatamente após a preparação da carcaça, foi retirada uma amostra do músculo *Longissimus lumborum* do lado esquerdo de cada amostra, cortando um pedaço de três centímetros de espessura da secção que divide as partes torácica e lombar do músculo. Uma parte da amostra (400 g) foi pesada, colocada num saco de nylon e armazenada num frigorífico a 4°C. Outra parte de cada amostra foi imediatamente armazenada numa caixa frigorífica adequada a 2° C e enviada imediatamente para a Universidade de Udine (Itália). Aquando da chegada, cada amostra foi dividida em duas partes. Uma parte foi imediatamente congelada sob vácuo e armazenada a -20°C até à realização da análise química. A outra parte foi utilizada imediatamente para determinar as propriedades tecnológicas, tais como a capacidade de retenção de água, a perda por gotejamento, etc.

2- 3-4: **Recolha de dados**

2- 3-4-1: **Medições físicas**

- **pH e temperatura da carcaça** (Muchenje *et al.*, 2008)

Para o efeito, foi utilizado um medidor de pH/sonda de temperatura (HI8484, HANNA). Para que o medidor de pH funcione corretamente, o elétrodo deve primeiro ser padronizado de acordo com o procedimento prescrito pelo fabricante. Foram utilizadas duas soluções tampão de pH (4 e 7) para a normalização do medidor. A sonda de vidro e a sonda de temperatura foram introduzidas no tecido muscular, pelo menos 2 cm abaixo da superfície da carne, como mostra a fotografia 12. As leituras de pH e de temperatura foram registadas em intervalos de 1, 12, 24 e 48 horas após o abate (em triplicado). Após cada intervalo de tempo indicado, as amostras de carne foram armazenadas num frigorífico a 4°C.

Figura 12: Medidor de pH. Inserção do medidor de pH no tecido da carne (FAO, 2006)

2- 3-4-2 **Propriedades químicas**

- **Proteínas, gorduras e cinzas**

Uma amostra de 50 g do músculo longissimus foi moída, liofilizada e utilizada para a determinação dos teores de proteínas, gordura, humidade e cinzas, tal como descrito pela Association of Official Analytical Chemists (AOAC, 2000). O teor de proteínas foi medido pelo método de digestão em bloco (Kjeldahl) (UNE 55-020), a incineração foi efectuada a 550 °C durante 06 h (ISO R-936) e o teor de humidade foi determinado por secagem a 102 °C durante 24 h (ISO R-1442). A percentagem de gordura foi medida segundo o método de Soxhlet (ISO R-1443), utilizando um Foss Tecator AB Soxtec 2050.

- **Análise dos ácidos gordos**

A extração dos lípidos totais foi efectuada como descrito por Folch *et al* (1957). Resumidamente, 15 mg de ácido não adecanóico (C19:0) foram adicionados a 1,5 g de amostra de carne picada e homogeneizados em 30 ml de mistura clorofórmio-metanol (2:1 v/v) utilizando um homogeneizador Ultra-Turrax (T 25 basic; Ika-Werke, Staufen, Alemanha) e subsequentemente filtrados sob vácuo através de papel de filtro. O extrato foi lavado com 8,5 ml de KC1 a 0,88 % (p/v), misturado vigorosamente durante 60 s, e depois deixado durante a noite à temperatura ambiente. A fase orgânica foi separada e o solvente evaporado sob vácuo a 40 °C. Os ésteres metílicos de ácidos gordos (FAME) foram preparados utilizando HC1 metanólico (Sukhhija e Palmquist, 1988). As amostras lipídicas foram misturadas com 2 ml de hexano e 3 ml de HC1 metanólico em tubos de vidro de 20 ml com tampas revestidas de teflon. A mistura foi aquecida a 70 °C durante 2 horas e depois arrefecida à temperatura ambiente. Os FAME foram extraídos em 2 ml de hexano após adição de 5 ml de K2CO3 e Na2SO4 a 6 % (p/v). As amostras foram deixadas em repouso durante 30 minutos, centrifugadas a 1 006 x g durante 10 minutos a 20 °C, e a camada superior de hexano foi removida, concentrada sob N2 e depois diluída em hexano. Os FAME foram quantificados utilizando um GC Carlo Erba (HRGC 5300 mega-series; Rodano, Milão, Itália) equipado com um amostrador automático (modelo A200S; Rodano, Milão, Itália) e um detetor de ionização de chama (FID), em que 1 µl de amostra foi injetado no modo de divisão 1:30.

O GC foi equipado com uma coluna capilar de sílica fundida SP-2380 de 60 m (0,25 mm i.d., espessura da película 0,25 µm; Supelco Inc., Bellafonte, PA), e a temperatura do forno foi aumentada de 160 para 180 °C a 1 °C / minuto, de 180 para 260 °C a 5 °C / minuto, e depois mantida durante 5 minutos. O gás portador foi o hélio, a uma taxa de 1,2 ml/minuto, e o FAME foi identificado utilizando padrões externos (Supelco 37 components FAME mix, linoleic acids conjugated; Sigma-Aldrich, Milão, Itália). Foram posteriormente quantificados utilizando C19:0 como padrão interno e expressos em percentagem do total de lípidos identificados. A A9 dessaturase, a elongase e o índice aterogénico foram calculados de acordo com Barton *et al.*, 2010, Pitchford *et a*l., 2002 e Ulbricht e Southgate 1991, respetivamente, da seguinte forma

> Índice de Δ9 dessaturase = 100 x (C14:l n-9 *cis* + C16:l n-9 *cis* + C18:l n-9 *cis* + CLA *cis9 transW) I* (C14:l n-9 *cis* + C16:l n-9 *cis* + C18:l n-9 *cis* + CLA *cis9 transW* + C14:0 + C16:0 + C18:0 + C18:l n-11 *trans);*

> índice de elongase = 100 x [(Cl8:0 + Cl8:1 n-9 *cis) I* (C16:0 + C16:l n-9 *cis* + C18:0 + Cl8:1 n-9 *cis)];*

> índice aterogénico = [C12:0 + 4(C14:0) + C 16:0] / (SFA+PUFA);

C14:ln-9 *cis,* C16:l n-9 *cis,* C18:ln-9 *cis,* CLA *cis9 transV),* C14:0, C16:0, C18:0, C18:l n-11 *trans,* C12:0, SFA e PUFA significam, respetivamente, ácidos miristoleico, palmitoleico, oleico, ruménico, mirístico, palmítico, esteárico, trans-vaccénico e láurico, ácidos gordos saturados e ácidos gordos polinsaturados.

2- 3-4-3: Propriedades tecnológicas

- **Cor da carne**

A cor da carne de bovino foi avaliada de acordo com o sistema de cores CIE L*, a*, b*, após um período de floração de 1 hora a temperaturas normais de refrigeração, utilizando um espetrofotómetro Minolta (Minolta Co, Ltd, Osaka, Japão) com reflectância especular excluída, abertura de medição de 8 mm de diâmetro, iluminante D65, observador padrão de 10 ° e escala de cores CIE (CIE, 1976). A abertura de medição foi coberta com uma placa de vidro e o instrumento foi calibrado contra uma placa branca (L* = 97,56; a* = -0,16; b* = 0,02). Foi utilizada a média de quatro medições em toda a superfície. Foi calculado o valor médio de quatro medições por amostra. As medições dos bifes crus foram efectuadas após 1 hora de floração sob invólucro de PVC através da película de cobertura. As medições dos bifes cozinhados foram efectuadas no dia seguinte à cozedura numa área da secção transversal dos bifes cortados.

* **Medição da força de cisalhamento**

As amostras (1,8 cm de diâmetro) foram colocadas em sacos de polietileno e cozinhadas num banho de água a 80 °C até atingirem uma temperatura interna de 75 °C. As amostras cozinhadas foram cortadas ao longo da direção das fibras do músculo e, em seguida, cortadas perpendicularmente à direção das fibras com o dispositivo triangular Warner Bratzler e medidas quanto à força de cisalhamento máxima num Instron 3343 (US/MX50, A&D Co., Norwood, MA) equipado com um dispositivo de cisalhamento Warner Bratzler e uma velocidade de cruzamento regulada para 100 mm/min.

2- 4: Análise de dados

Em primeiro lugar, para a amostra total, a análise foi efectuada utilizando o software SPSS versão 17 (SPSS Inc., Illinois). A normalidade da distribuição dos dados foi testada utilizando o teste de Kolmogorov-Smirnov. Foram utilizadas tabelas de contingência com análise de qui-quadrado para comparar as frequências dos sistemas de produção e da zona agro-ecológica (ZAE), e para comparar as frequências da categoria animal e do tipo genético. O efeito dos sistemas de produção sobre o ECC e as caraterísticas de carcaça dos touros foi efectuado através do teste de Kruskall-Wallis, as comparações entre pares foram realizadas de acordo com o teste U de Mann-Whitney com ajustamento de Bonferroni. Foram estudadas as tendências do CW para touros e vacas ao longo do mês do ano, considerando a raça como bloco e a idade dos animais dentro do sexo como covariável. O efeito da raça e da categoria animal, tratadas como efeitos fixos, foi estudado: i) no PC, utilizando uma ANOVA de duas vias, com o teste de Tukey-Kramer para a desigualdade do tamanho da amostra como teste *post-hoc*; e ii) nas outras caraterísticas da carcaça e no ECC, utilizando o teste de Scheirer-Ray-Hare para dados não paramétricos, com o teste não paramétrico U de Mann-Whitney e ajustamento de Bonferroni como teste *post-hoc*. Foi considerada a interação entre a raça e a categoria animal, mas os valores de P não foram apresentados nas tabelas por não serem significativos. Os meios de transporte, os dias de viagem, o sexo, a raça e a condição da carcaça (normal, *ou seja,* animais saudáveis, traumatizados ou condenados e com condenação e trauma) foram tratados separadamente como factores fixos para testar o seu efeito no pH24 das carcaças num modelo ANOVA de um só sentido. O efeito da raça na PBSF, na perda por cozedura, na cor e na composição química do m. *longissimus lumborum* foi avaliado por ANOVA unidirecional com a raça tratada como fator fixo. O teste de Tukey-Kramer para amostras de tamanho desigual foi utilizado como teste *post-hoc*. Os coeficientes de Rho Spearman foram utilizados para determinar as associações entre as variáveis

Para o segundo conjunto de amostras (60 touros), a análise estatística foi efectuada utilizando o software livre R versão 2.15.2, respetivamente. A normalidade da distribuição dos dados e a homogeneidade da variância foram testadas com os testes de Shapiro-Wilk e Levene, respetivamente. Os dados foram submetidos a uma análise de variância (ANOVA) unidirecional, com a raça como efeito fixo. O teste de Tukey-Kramer para amostras de tamanho desigual foi utilizado como teste post-hoc. Se os pressupostos da ANOVA não foram verificados, foram efectuadas comparações múltiplas de acordo com o procedimento de Herberich *et al.,* (2010). Os coeficientes de Pearson foram utilizados para determinar associações entre os AGs e o teor de gordura intramuscular (gordura extraível com clorofórmio-metanol) do m. longissimus thoracis. Um nível de probabilidade de $P < 0,05$ foi estabelecido para significância estatística.

CAPÍTULO 3: RESULTADOS E DISCUSSÃO

3- 1.1: Caraterísticas zootécnicas dos animais estudados

A distribuição dos animais estudados em relação às cinco zonas ecológicas e de acordo com os vários sistemas de produção identificados nos Camarões está resumida nos quadros 17 e 18.

3- 1-1-1: Origem e sistema de produção dos animais abatidos

Como se pode ver no quadro 17, a maior parte do gado (74,6%) provinha da zona agro-ecológica da Savana Alta da Guiné, que inclui as regiões de Adamawa e Leste, seguida das regiões Centro e Sul na zona ecológica da floresta húmida, depois das regiões Oeste e Noroeste da zona do Planalto Ocidental e, finalmente, das regiões Norte e Extremo Norte na zona Sudano-Saheliana. A transumância foi o sistema agrícola predominante em cada zona agro-ecológica, com exceção do Planalto Ocidental, onde o sistema sedentário é mais praticado. Além disso, o quadro 17 mostra que o nomadismo, caracterizado pelo movimento casual e contínuo do gado, está quase extinto no país.

3- 1-1-2: Distribuição dos bovinos por tipo genético, categoria produtiva e idade

Como se pode ver na Tabela 18, 99,2% dos bovinos estudados eram zebus, pertencentes a três raças principais: 45,6% Gudali (GU), 33,3% Fulani Branco (WF) e 20,3% Mbororo Vermelho (RM). A distribuição por sexo dos animais observados foi a seguinte: 60% touros, 24,6% vacas, 13,5% castrados, 1,9% novilhas. Dentro de cada raça, a categoria com maior frequência é a dos touros. Como esperado, a vaca foi a mais velha e as novilhas as mais novas.

Quadro 17: Origem e sistema de produção dos bovinos nos Camarões

Agro-ecological Zone (AEZ)		Production system (PS) Sedentary	Transhumance	Nomadism	Ranching	Total % within AEZ
Guinea High Savannah	N°of cattle	26	1121	2	307	1456
	% within AEZ	1.8	77.0	0.1	21.1	(74.6)
Western High Plateau	N°of cattle	61	17	0	15	93
	% within AEZ	65.6	18.3	0.0	16.1	(4.8)
Humid Forests	N°of cattle	49	326	11	7	393
	% within AEZ	12.5	83.0	2.8	1.8	(20.1)
Sudano-Sahelian	N°of cattle	0	10	1	0	11
	% within AEZ	0.0	90.9	9.1	0.0	(0.6)
Total		**136**	**1474**	**14**	**329**	**1953**
		7.0	**75.5**	**0.7**	**16.8**	**100.0**

Qui-quadrado de Pearson = 689,35; DF = 9; $P \leq 0,000$

Quadro 18: Distribuição dos bovinos por tipo genético, categoria produtiva e idade

Tipo genético (GT)		Categoria produtiva Touro	Castrar	Novilha	Vaca	Total[1] (№ dentro da GT%)
Gudali	№de gado	555	46	14	276	891
	% dentro da GT	62.3	5.2	1.6	31.0	(45.6)
Fulani branco	№de gado	399	128	10	114	651
	% dentro da GT	61.3	19.7	1.5	17.5	(33.3)

Mbororo Vermelho	№de gado	206	90	13	87	396
	% dentro da GT	52.0	22.7	3.3	22.0	(20.3)
Raça cruzada	№de gado	5	0	0	0	5
	% dentro da GT	100.0	0.0	0.0	0.0	(0.3)
Taurina	№de gado	4	0	0	2	6
	% dentro da GT	66.7	0.0	0.0	33.3	(0.3)
Outros	№de gado	3	0	0	1	4
	% dentro da GT	75.0	0.0	0.0	25.0	(0-2)
Total[1]		**1172**	**264**	**37**	**480**	**1953**
		60.0	**13.5**	**1.9**	**24.6**	**100.0**
Idade						SEM[2]
Média	Anos	4.7^C	5.4^b	4.2^d	6.4^a	0.06
Gama[3]	Anos	2 -10	3 - 8	3-7	3 - 11	

a-b-c.d. As médias com letras diferentes sobrescritas a, b, na mesma linha são significativamente diferentes $P \leq 0{,}05$

[1] Diferenças entre frequências de tipo genético por categoria: Qui-quadrado de Pearson =133,58; DF =15; $P \leq 0{,}000$

[2]SEM: erro padrão da média

[3] valores mínimos e máximos na mesma categoria produtiva

3- 1-1-3: Influência do sistema de produção nas caraterísticas da carcaça

O efeito do sistema de produção sobre as caraterísticas zootécnicas dos animais foi analisado usando apenas a categoria touro da população Gudali (Tabela 19). Esta categoria foi escolhida por ser a mais frequente no abate e por estar adequadamente representada em todos os sistemas de produção. Os touros transumantes foram os mais velhos em idade e apresentaram o maior peso de carcaça e escore de condição corporal ao abate (P<0,05).

Como mostra a Tabela 19, houve uma diferença significativa no peso da carcaça entre os sistemas de produção, com os animais do sistema de transumância tendo o maior peso de carcaça (161kg). No entanto, não houve diferença significativa no peso da carcaça entre os outros dois sistemas de produção. Os animais dos sistemas sedentário e de transumância apresentaram o índice de condição corporal mais elevado (1,9), o que foi significativamente diferente do registado no sistema de pecuária. Também se registaram diferenças significativas entre os sistemas de produção no que se refere à cor da gordura subcutânea, tendo os animais do sistema de pecuária apresentado a pontuação mais elevada (2,1).

Quadro 19: Influência do sistema de produção nas caraterísticas zootécnicas dos touros Gudali

Caraterísticas técnicas do jardim zoológico	Unidade de medida	Sedentário (n = 20)	Transumância (n = 410)	Pecuária (n = 115)	SEM[1]
Idade	anos	4.0^b	4.4^a	4.1^b	0.08
Pontuação da condição corporal[2]	pontos	1.9^a	1.9^a	1.6^b	0.05
Peso da carcaça	kg	141^b	161^a	143^b	2.64

Caraterísticas técnicas do jardim zoológico	Unidade de medida	Sedentário (n = 20)	Transumância (n = 410)	Pecuária (n = 115)	SEM[1]
Conformação da carcaça[3]	pontos	2.3^{a}	2.0^{b}	1.8^{b}	0.07
Gordura[4]	pontos	2.3^{a}	2.0^{b}	1.8^{b}	0.06
Cor da gordura sub-cutânea[5]	pontos	1.5^{C}	1.8^{b}	2.1^{a}	0.05

$^{a,bc:}$ As médias com letras diferentes sobrescritas a, b, na mesma linha são significativamente diferentes $P \leq 0,05$

[1] SEM: erro padrão da média; n = número de touros utilizados

[2]1= magro, 2 = médio, 3 = gordo

[3]E = 5 (excelente),..., P =1 (mau)

[4]5 = 5 (muito gordo),..., 1=1 (muito magro)

[5]1= branco, 2 = creme, 3 = amarelo

Na figura 33 é apresentada a evolução anual do peso da carcaça (PC) em função do sexo dos bovinos.
As tendências do CW foram semelhantes para touros e vacas. Aumentaram de março a setembro e diminuíram de setembro a março, com o valor mais elevado registado em setembro e o mais baixo em março.

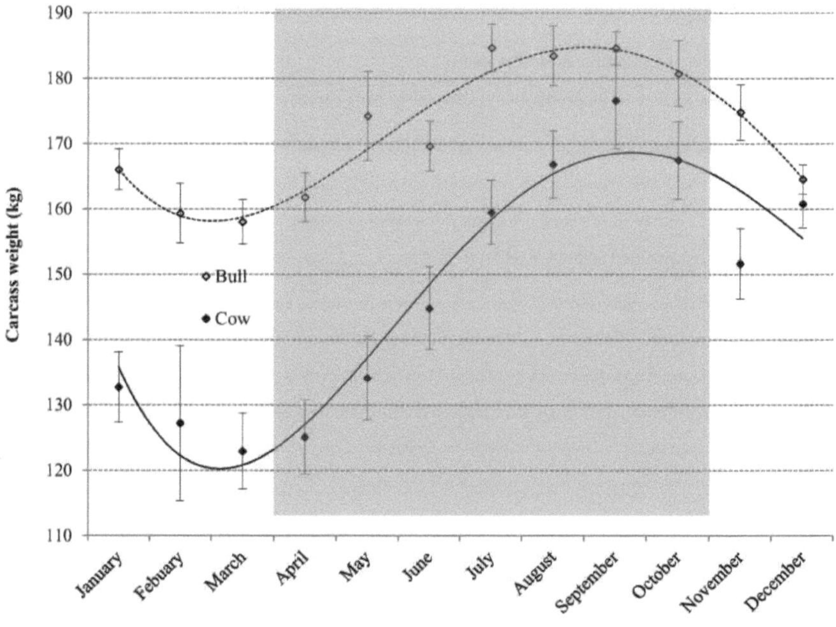

Figura 28: Evolução mensal do peso da carcaça em função do sexo dos bovinos.

A relação entre CW(Y) e mês do ano (X) foi melhor representada pela relação polinomial:

$Y = -0,184 *X^3 + 3,15 *X^2 - 12,1 *X + 174$ ($r^2 = 0,91$) para o touro e

$Y = -0,271 *X^3 + 5,02 * X^2 - 20,8 *X+149$ (r^2 =0,91) para a vaca.

O valor de correlação obtido (r^2 = 0,91) a partir destas equações implica que o mês do ano influencia grandemente o peso da carcaça.

3- 1-1-4: Influência da raça e do sexo na condição corporal e nas caraterísticas da carcaça

Como mostra a Tabela 20, não houve diferença significativa no peso da carcaça entre as raças, embora a WF tenha dado o maior peso de carcaça de 158 kg ($P \geq 0,05$). O escore de conformação de carcaça mais alto (2,0) foi obtido da GU e isso foi estatisticamente diferente ($P < 0,05$) das outras raças.

Quadro 20: Efeito da raça no índice de condição corporal e nas caraterísticas da carcaça

Caraterísticas da carcaça	Unidade de medida	Gudali	Branco Fulani	Mbororo Vermelho	SEM[1]
Índice de condição corporal[2]	pontos	1.9^a	1.8^b	1.9^a	0.033
Peso da carcaça	Kg	152	158	156	1.8
Conformação da carcaça[3]	pontos	2.0^a	1.9^b	1.9^b	0.041
Cor magra[4]	pontos	2.2	2.2	2.1	0.020
Gordura[5]	pontos	2.2	2.0	2.1	0.037
Cor da gordura subcutânea[6]	pontos	2.4	2.3	2.2	0.034

[a.b.c] Médias com letras diferentes sobrescritas a, b, na mesma linha são significativamente diferentes P<0,05 'SEM: erro padrão da média

[2] 1= magro, 2 = médio, 3 = gordo

[3] E = 5 (excelente),..., P =1 (mau)

[4] 1= cor-de-rosa, 2 = vermelho, 3 = vermelho escuro

[5] 5 = muito gordo,..., 1= muito magro

[6] 1= branco, 2 = creme, 3 = amarelo

Verificou-se uma correlação positiva entre o BCS e a gordura da carcaça (r = 0,451) e entre o BCS e a cor da gordura subcutânea (r = 0,110; $P \leq 0,01$). As carcaças do GU apresentaram o maior grau de gordura caracterizado por uma cor de gordura subcutânea amarelo-creme.

3- 1-1-5: Efeito da categoria produtiva no BCS e nas caraterísticas da carcaça

O efeito da categoria produtiva no ECC e nas caraterísticas da carcaça é apresentado na Tabela 21. O BCS foi significativamente mais alto em machos castrados e mais baixo em vacas ($P \leq 0,05$). O CW foi significativamente maior nos machos castrados e menor nas novilhas e vacas ($P \leq 0,05$), mas as novilhas tiveram o menor peso médio. As vacas tiveram o menor escore de conformação da carcaça ($P \leq 0,05$), enquanto os castrados tiveram o melhor ($P \leq 0,05$). Considerando o escore de gordura, as novilhas apresentaram o maior valor e os touros o menor ($P \leq 0,05$). Apenas a cor da gordura dos touros foi significativamente menor ($P < 0,01$) do que a das outras categorias produtivas. Houve uma correlação positiva entre a gordura e a cor da gordura subcutânea (r = 0,183; P < 0,001).

Quadro 21: Efeito da categoria produtiva no índice de condição corporal e nas caraterísticas da carcaça (n = 1953)

Caraterística da carcaça	Unidade	Touro	Castrar	Novilha	Vaca	SEM[1]
Pontuação da condição corporal[2]	pontos	1.8^{b}	2.4^{a}	1.7^{bc}	1.5^{e}	.033
Peso da carcaça[2]	Kg	158^{b}	194^{a}	13 I^{e}	138^{c}	1.8
Conformação da carcaça[3]	pontos	1.9^{b}	2.2^{a}	2.1^{ab}	1.7^{e}	.041
Cor magra[4]	pontos	2.2	2.2	2.1	2.2	.020
Gordura[5]	pontos	1.9^{a}	2.1^{b}	2.4^{a}	2.0^{e}	.037
Cor da gordura subcutânea[6]	pontos	1.8^{b}	2.5^{a}	2.4^{a}	2.5^{a}	.034

^{a,b,c}: Médias com diferentes letras sobrescritas a, b, na mesma linha são significativamente *diferentesp* < 0,05

[1] SEM: erro padrão da média

[2] 1= magro, 2 = médio, 3 = gordo

[3] E=5 (excelente),..., P=1 (mau)

[4] 1=rosa, 2=vermelho, 3=vermelho escuro

[5] 5=muito gordo,..., 1=muito magro

[6] 1=branco, 2=creme, 3=amarelo

3- 1: Resultados

3- 1-2: Efeito do meio de transporte na qualidade da carne de bovino

3- 1-2-1: Efeito do meio de transporte no tipo de traumatismo nas carcaças de bovinos

A distribuição dos animais estudados em relação aos meios de transporte identificados e de acordo com os vários tipos de condições traumáticas observadas está resumida no quadro 22.

Quadro 22: Casos de traumatismo observados em relação ao tipo de meio de transporte utilizado no transporte dos animais para o matadouro.

	Tipo de traumatismo no animal			
Meios de transporte	Nenhum	Perna partida	Hematomas na carcaça	**Total**
Camião	671 (88.2%)	23 (3.0%)	67 (8.8%)	761
Comboio	1072 (92.1%)	13 (1.1%)	79 (6.8%)	1164
Pé	23 (82.0%)	01 (3.6%)	04 (14.3%)	28
TOTAL	1758 (90%)	37(1.8%)	150 (7.6%)	1953 (100%)

P-valor < 0,05

Como se pode ver no quadro 22, uma maior proporção de animais transportados por comboio (92,1%) não sofreu traumatismos em comparação com os transportados por camião (88,2%) ou a pé (82,0%). A incidência de patas partidas foi mais elevada nos animais transportados a pé (3,6%) e mais baixa nos animais transportados de comboio (1,1%). A percentagem mais elevada de animais que apresentavam contusões nas carcaças foi obtida em animais transportados a pé (14,3%), em segundo lugar por camião (8,8%) e por comboio (6,8%). Independentemente do meio de transporte, o tipo de trauma mais elevado registado foi o de contusões nas carcaças (7,6%). Uma proporção muito elevada dos animais recebidos no matadouro (90%) não apresentava qualquer indício de traumatismo.

O efeito do trauma e da doença no pH24 da carne de bovino também é apresentado no Quadro 23. As carcaças sem trauma tiveram o valor mais baixo de pH24 (5,68) e este foi significativamente mais baixo *(P* < 0,05) do que o das carcaças com trauma ou com tecidos condenados (5,77).

Quadro 23: Efeito do traumatismo e da doença no pH24

	Animais sem traumatismo	Animais com traumas	Animais com tecidos condenados	Animais com tecidos condenados e traumatismos	com SEM[1]
Gado: não.	1611	155	146	41	1953
Percentagem (%)	82.5	7.9	7.5	2.1	100.0
pH 4h2	5.68[c]	5.77[b]	5.77[b]	5.89[a]	0.017

[a,b,c:] As médias com letras diferentes sobrescritas a, b, na mesma linha são significativamente diferentes *P* < 0,05

[1]SEM: erro padrão da média

O pH24 médio da carne de bovino foi relativamente alto, variando de 5,68 a 5,89. As amostras de carne de bovino com valores superiores a 5,80 constituíam 28% da população total amostrada. Estes resultados indicam que cerca de um quarto de todos os animais foram submetidos a stress antes do abate.

3- 1-2-2: Efeito dos meios de transporte na cor da carne magra e na cor da gordura subcutânea

Os efeitos do transporte na cor da carne estão resumidos no quadro 24. Independentemente do tipo de meio de transporte, 79,6% dos animais apresentavam uma cor magra vermelha, 19,8% uma cor magra vermelha escura e apenas 0,6% uma cor magra rosada. A maioria dos animais transportados por camião apresentava uma cor magra vermelha (81,8%) em comparação com os transportados a pé (81,5%) e de comboio (78,2%). Entre todas as carcaças que apresentavam uma cor vermelha escura, a maioria 64,9% (representando 250 animais) veio de comboio.

Quadro 24: Efeito do transporte dos animais na cor magra das carcaças

Meios de transporte (TM)	**Cor magra**			
	Cor-de-rosa	**Vermelho**	**Vermelho escuro**	**Total**
N° de bovinos	6	628	132	764
Camião				
% dentro da TM	0.8%	81.8%	17.4%	100.0%
N° de bovinos	3	909	250	1162
Comboio				
% dentro da TM	0.3%	78.2%	21.6%	100.0%
N° de bovinos	2	22	3	27
Pé				
% dentro da TM	7.4%	81.5%	11.1%	100.0%

Total	11 0.6%	1549 79.6%	385 19.8%	1953 100.0%

Valor de p ≤ 0,000

O efeito dos meios de transporte na cor da gordura subcutânea está resumido na tabela 25. Os meios de transporte tiveram um efeito significativo na cor da gordura subcutânea dos bovinos. Pode observar-se na tabela que, independentemente do tipo de meio de transporte, 25,3% de todos os animais tinham uma cor subcutânea branca, 36,0% creme e 38,5% amarela. A maioria dos animais transportados por camião tinha uma cor de gordura subcutânea creme (41,8%), e os transportados por comboio tinham uma cor de gordura subcutânea predominantemente amarela (41,3%). Um maior número de animais que se deslocou a pé para o matadouro tinha uma cor de gordura subcutânea branca (74,1%).

Tabela 25: Efeito do transporte dos animais na cor da gordura subcutânea

Meios de transporte (TM)		Cor da gordura subcutânea			Total
		Branco	Creme	Amarelo	
Camião	N° de bovinos	176	322	266	764
	% dentro da TM	23.2%	41.8%	35.0%	100.0%
Comboio	N° de bovinos	297	385	480	1162
	% dentro da TM	25.6%	33.1%	41.3%	100.0%
Pé	N° de bovinos	20	2	5	27
	% dentro da TM	74.1%	7.4%	18.5%	100.0%
Total		493	703	749	1953
		25.3%	36.1%	38.5%	100.0%

Valor de p ≤ 0,0000

3- 1-3: Efeito da raça na qualidade da carne de bovino

3- 1-3-1: Caraterísticas físico-químicas do músculo longissimus em relação às raças autóctones

A composição química e física das amostras de carne de bovino de raças autóctones dos Camarões é apresentada no quadro 26 abaixo. Com base na análise WBSF, a carne de bovino produzida pelos touros GU era significativamente mais dura do que a das outras duas raças (P<0,05). A carne mais tenra foi observada na raça Red Mbororo (WBSF = 78.4). O efeito do parâmetro luminosidade (L*) foi significativamente diferente (P<0,05) entre as raças, mas não foram encontradas diferenças significativas na vermelhidão (a*) e no amarelo (b*). A Gudali apresentou uma carne mais escura (L*=27,7) do que a WF, enquanto a RM apresentou as carcaças mais claras.

A composição química da carne, como se vê na tabela 26, revelou que, embora não houvesse diferença significativa na humidade, a raça GU tinha o teor de humidade mais baixo. Foi encontrada uma diferença significativa no teor de proteínas da carne entre as raças e a carne produzida pela GU tinha um teor de proteínas mais elevado (22,2%) do que as produzidas pelas raças WF e RM. O teor de gordura não foi significativamente diferente (p ≤0,05) entre as raças, embora a WF tivesse a percentagem mais elevada (1,2%). Todas as três raças apresentaram o mesmo valor para o teor de cinzas da carne de vaca (1,2%).

Tabela 26: Estimativa das médias marginais das caraterísticas físico-químicas do "/", *longissimus lumborum*, em função da raça

Parâmetro estudado	GU (n=19)	WF (n=20)	RM (n-=21)	SEM
Força de corte de Wamer-Bratzler (N)	U2.1^{a}	72.3^{b}	78.4^{b}	4.56
Cor:				
Leveza (L*)	27.7^{a}	31.3^{b}	29.4^{ab}	0.54
Vermelhidão (a*)	7.7	7.3	6.6	0.20
Amarelecimento (b*)	12.1	11.5	11.6	0.38
Croma	14.4	13.7	13.4	0.38
Matiz	57.3	57.3	59.8	0.76
Composição química:				
Humidade (%)	74.9	75.7	75.8	0.17
Proteína (%)	22.2^{a}	21.5^{b}	21.6^{b}	0.10
Gordura (%)	1.1	1.2	0.9	0.09
Cinzas (%)	1.2	1.2	1.2	0.01

^{a,b}: As médias dentro da mesma linha com letras sobrescritas diferentes diferem significativamente a P ≤ 0,05.

GU = Gudali; WF = Fulani Branco; RM = Mbororo Vermelho.

3- 1-3-2: Composição em ácidos gordos do músculo longissimus lumborum

O peso total de lípidos e a proporção relativa de FA no *m. longissimus lumborum* de acordo com a raça são apresentados na tabela 27. A percentagem de teor de gordura intramuscular da carne foi mais elevada no GU (1,83%) e mais baixa no RM (1,09%). No entanto, não houve diferença significativa entre as raças (p ≥ 0,05) no perfil de FA da carne. O perfil de FA da carne de bovino da GU foi semelhante ao da raça RM, com a única exceção de que o Cl8:0 foi menor na GU do que na carne de bovino da RM. Considerando as FAs lineares de cadeia ímpar, a carne bovina da GU apresentou maior proporção de ácido tridecanóico (C13:0), menor proporção de ácido pentadecanóico (C15:0) e menor proporção de ácido margárico (C17:0) *(P* = 0,08) do que a carne bovina da RM. Foram observadas diferenças nas proporções de ácido a-linolénico (C18:3"-3) e C18:0 entre a carne de bovino GU e a carne de bovino WF. De facto, a carne de bovino GU tinha uma proporção mais elevada de C18:3"-3, e apresentava proporções mais elevadas de ácido linoleico (C18:2"-6) *(P* = 0,10) e mais baixas de C18:0 do que a carne de bovino WF. O ácido docosapentaenóico da carne (C22:5w-3), que é derivado do C18:3"-3 FA, foi maior na GU e RM do que na carne WF. As proporções de FA monoinsaturados totais (MUFA) e de PUFA *n-6* não foram afectadas pela raça, enquanto os SFA foram mais baixos na GU do que na WF, e os PUFA e os PUFA *n-3* foram mais elevados na GU e RM do que na carne de bovino WF. Em média, os AGPI totais e os AGPI n-3 representavam 13,9% e 4,6% dos lípidos totais, respetivamente. Os rácios n-6/n-3 PUFA e PUFA/SFA foram semelhantes em todas as raças e o rácio médio n-6/n-3 PUFA foi de 1,95.

A correlação entre a composição de ácidos gordos e o teor de gordura intramuscular do m. longissimus lumborum é apresentada na tabela 28. O teor de CLA da carne de bovino das três raças foi semelhante (valor médio = 0,28% dos lípidos totais). As principais FAs no presente estudo foram C16:0, C18:0, C18:ln-9c e C18:2n-6c. C16:0 e C18:ln-9c foram positivamente correlacionados, enquanto C18:2n-6c foi negativamente correlacionado com o conteúdo de gordura intramuscular do m. longissimus thoracis. Não foi encontrada uma correlação estatisticamente significativa entre Cl8:0 e o teor de gordura total. Além disso, SFA e MUFA foram positivamente correlacionados, enquanto PUFA foi negativamente correlacionado com o conteúdo de gordura intramuscular.

Tabela 27: Estimativa das médias marginais das proporções de ácidos gordos do *m. longissimus lumborum* em função da raça

Ácidos gordos	Gudali (n = 19)	Fulani branco (n = 20)	Mbororo vermelho (n = 21)	SEM
Peso total	1.38	1.58	1.09	0.118
C10:0	0.08	0.07	0.11	0.071
C12:0	0.12	0.10	0.13	0.005
C13:0	0.25[a]	0.11[b]	0.21[a]	0.018
C14:0	2.31	2.53	2.40	0.100
C14:lw-9c	0.27	0.30	0.28	0.017
C15:0	0.29[b]	0.37[a]	0.35[ab]	0.012
C15:l	0.17	0.18	0.18	0.013
C16:0	24.7	25.5	24.5	0.438
C16:lw-9t	0.57	0.45	0.48	0.051
C16:lw-9c	2.21	2.09	2.18	0.084
C17:0	1.03	1.15	1.13	0.022
C17:l	0.51	0.61	0.55	0.025
C18:0	18.0[b]	20.7[a]	19.8[a]	0.279
[2]*trans-C18:l*	1.98	2.09	1.85	0.083
C18:lw-9c	29.2	29.0	27.5	0.500
C18:lw-7	2.62	2.60	2.58	0.067
C18:2w-6t	0.16	0.15	0.17	0.017
C18:2"-6c	6.34	4.61	5.92	0.349
C18:3"-6	0.18[b]	0.36[a]	0.13[b]	0.046
C18:3"-3	2.34[a]	1.61[b]	2.16[ab]	0.124

CLAt7,c9/t8,clO/c9,tll	0.29	0.30	0.26	0.015
C20:3"-6	0.39	0.34	0.48	0.027
C20:3"-3	0.01	0.03	0.11	0.035
C20:4"-6	2.65	1.94	2.94	0.162
C20:5"-3	0.96^{ab}	0.73^{b}	1.18^{a}	0.070
C22:5"-3	1.62^{a}	1.17^{b}	1.60^{a}	0.077
C22:6"-3	0.12	0.15	0.13	0.011
C23:0	0.13	0.14	0.13	0.011
C24:0	0.13	0.16	0.15	0.011
C24:l"-9	0.11	0.20	0.19	0.019
SFA	47.2^{b}	51.0^{a}	49.1^{ab}	0.546
MUFA	37.7	37.6	35.8	0.538
PUFA	15.2^{a}	11.4^{b}	15.2^{a}	0.750
Total de PUFA *n-6*	9.83	7.45	9.73	0.538
PUFA *n-3* total	5.05^{a}	3.69^{b}	5.18^{a}	0.240
AGMI/AGS	0.803	0.743	0.733	0.014
PUFA/SFA	0.331	0.230	0.322	0.019
n-b/n-3	1.93	2.04	1.88	0.049
Índice aterogénico	0.549	0.574	0.537	0.013
Índice de elongase	63.8	64.4	64.0	0.397
Índice de Δ9 dessaturase	40.6	38.5	38.4	0.482

1 Não são indicados os ácidos gordos detectados em <0,1% dos lípidos totais

SEM: erro padrão da média

CLA: ácido linoleico conjugado; SFA: ácidos gordos saturados; MUFA: ácidos gordos monoinsaturados;

PUFA: ácidos gordos polinsaturados

a, b As médias das linhas com diferentes sobrescritos diferem significativamente a P <0,05

1 2 trans-C18:l corresponde à soma de 6-8-, t9-, tlO-, til-, tl2- e tl3/14-18:l

(Peso medido em g/100 g de músculo e proporções expressas em percentagem de ácidos gordos totais)

Tabela 28: Correlação entre a composição de ácidos gordos e o teor de gordura intramuscular do *m. longissimus lumborum.*

Ácidos gordos	r	Nível de significância
C10:0	-0.092	ns
C12:0	-0.233	*
C13:0	-0.450	***
C14:0	0.359	**
C14:lw-9c	0.261	*

C15:0	-0.004	ns
C15:l	-0.436	**
C16:0	0.497	***
C16:lw-9t	-0.142	ns
C16:lw-9c	0.285	*
C17:0	-0.144	ns
C17:l	-0.246	ns
C18:0	0.136	ns
[2]*trans-C18:l*	0.229	ns
C18:lw-9c	0.416	**
C18:ln-7	0.009	ns
C18:2w-6t	-0.293	*
C18:2"-6c	-0.608	***
C18:3"-6	-0.074	ns
C18:3"-3	-0.567	***
CLAt7,c9/t8,clO/c9,tll	0.396	**
C20:3"-6	-0.497	***
C20:3"-3	-0.046	ns
C20:4"-6	-0.551	***
C20:5"-3	-0.490	***
C22:5"-3	-0.647	***
C22:6"-3	-0.203	ns
C23:0	-0.348	**
C24:0	-0.367	**
C24:l"-9	-0.249	ns
SFA	0.471	***
MUFA	0.428	**
PUFA	-0.650	***
Total de PUFA *n-6*	-0.627	***
PUFA *n-3* total	-0.654	***
Índice aterogénico	0.591	***
Índice de elongase	-0.198	ns

Δ9 Índice de dessaturase	0.062	ns

[1] Os ácidos gordos detectados em <0,1% dos lípidos totais não são referidos.

CLA: ácido linoleico conjugado; SFA: ácidos gordos saturados;

MUFA: ácidos gordos monoinsaturados; PUFA: ácidos gordos polinsaturados.

Nível de significância:* P <0,05; ** P <0,01;***P <0,001; ns: não significativo.

[2] trans-C18:l corresponde à soma de t6-8-, t9-, tlO-, til-, tl2- e tl3/14-18:l.

3- 1-4: Efeito das patologias na qualidade da carcaça de bovinos

O efeito das patologias na qualidade da carcaça de bovinos foi centrado na condição patológica dos bovinos e na proporção de condenação de órgãos que foi realizada.

3- 1-4-1: Estado patológico dos bovinos

A figura 34 resume os resultados da inspeção ante mortem. Considerando todos os animais inspeccionados (n=1953), 619 (representando 30,1%) apresentavam condições corporais anormais. 154 animais (7,89%) apresentavam algum grau de traumatismo, 76 (3,8%) tinham as patas partidas. As condições anormais mais comuns encontradas foram: ectoparasitas 94 (4,81%), fadiga 84 (4,30%), lesões de tipo fúngico 61 (3,12%), lesões nodulares 33 (1,69%) e emaciação 32 (1,64%).

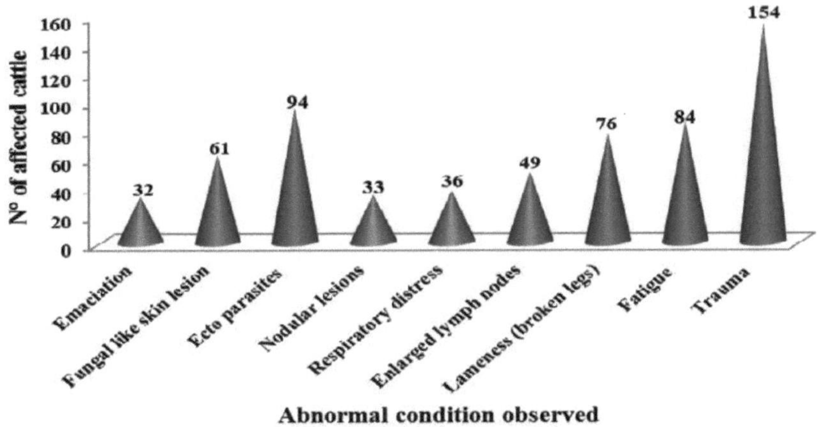

Figura 29: Condições anormais encontradas na inspeção *ante-mortem*

O estado patológico dos animais post mortem está resumido no quadro 29. Globalmente, 420 das carcaças, representando 21,51% do total (n = 1953), apresentavam condições patológicas anormais. Um total de 137 fígados (representando 7,01%) foram condenados devido a fasciolíase 101 (5,17%), cirrose 16 (0,82%) e abcessos 20 (1,02%). O número total de pulmões condenados foi de 89 (representando 4,56%). Deste número, 64 (3,28%) casos eram devidos a tuberculose, enquanto 25 (1,28%) eram devidos a abcessos. Apenas algumas carcaças foram totalmente condenadas devido à tuberculose (0,97%). Um total de 12 (0,61%) corações foram condenados devido a pericardite, 41 (2,10%) gânglios linfáticos devido a abcessos e cerca de 121 (6,20%) órgãos devido a endoparasitas (Cestodes e Nematodes). A principal doença identificada na cabeça foi a actinomicose (0,05%).

Tabela 29: Condições patológicas e a proporção de condenação de órgãos (№= 1953)

Órgão condenado	Causa de condenação	N.º de órgãos condenados	% de órgãos condenados
	Fasciolíase	101	5.17
Fígado	Cirrose	16	0.82
	Abcesso	20	1.02
Total 1		**137**	**7.01**
Pulmões	Tuberculose	64	3.28
	Abcesso	25	1.28
Total 2		**89**	**4.56**
Carcaça	Tuberculose	19	0.97
Coração	Pericardite	12	0.61
Nódulo linfático	Abcesso	41	2.10
Parasitas do TGI	Endoparasitas	121	6.20
Cabeça	Actinomicose	01	0.05
TOTAL		**420**	**21.51**

3-2: Discussão

3- 2-1: Caraterísticas zootécnicas do animal estudado

3-2-1-1: Origem dos bovinos e sistema de produção dos animais abatidos

A maior parte do gado (59,6%) provinha da zona agro-ecológica da savana alta da Guiné, seguida da floresta húmida (20,1%). A proporção de gado registada na zona Sudano-Saheliana (0,6%) foi muito menor do que a indicada por Pamo (2008), que referiu que o gado nos Camarões é criado principalmente nas zonas de savana alta da Guiné (40%) e Sudano-Saheliana (38%). Considerando que a zona Sudano-Saheliana é a zona agro-ecológica mais distante do matadouro de Yaoundé, poder-se-ia colocar a hipótese de que a carne de bovino produzida nas regiões do norte é consumida principalmente nessa zona. Além disso, é também possível que alguns dos animais que deixaram Ngaoundere de comboio possam ser de origem saheliana. É também interessante salientar a contribuição da Zona Agroecológica da floresta húmida no que diz respeito à produção animal, com base no maior número de bovinos provenientes desta região. Isto está provavelmente ligado ao aumento da atividade de criação de gado na zona devido às alterações climáticas e ao interesse de algumas elites desta região na criação de animais. Outra razão poderia ser o envolvimento do Ministério da Pecuária, Pescas e Indústrias Animais (M1NEP1A) no desenvolvimento e reforço das actividades de criação de gado na região.

A transumância, caracterizada pela deslocação organizada dos rebanhos de gado durante a estação seca em busca de pasto e água, foi o sistema de produção predominante em cada zona agro-ecológica, com exceção do Planalto Ocidental, onde o sistema sedentário é mais praticado. Estes resultados são semelhantes aos obtidos por Pamo e Pepier (2000), que referiram que o movimento de transumância durante a estação seca é maior, devido à insuficiência de forragem ou água, surtos de doenças e conflitos sobre a terra. Outra razão para estes movimentos pode também dever-se a uma resposta às condições topográficas. Os nossos resultados indicam que o nomadismo caracterizado por movimentos aleatórios e contínuos do gado está quase extinto.

Isto pode ser explicado pelo facto de as terras de pastagem terem sido utilizadas para o cultivo de culturas em muitas áreas dos Camarões e também pelo facto de os pastores recearem que os seus animais possam ser roubados por bandidos armados. O envolvimento de muitos Fulani em actividades agrícolas pode ser outra razão, pois a maioria dos agricultores prefere que os animais pastem à volta das suas casas, para que o seu estrume possa ser utilizado como adubo.

3-2-1-2: Distribuição dos bovinos por tipo genético, categoria produtiva e idade

99,2% dos bovinos estudados eram zebus, pertencentes a três raças principais: 45,6% GU, 33,3% WF e 20,3% RM. Pamo (2008) referiu que 99% dos bovinos criados nos Camarões são zebus, 65% dos quais são GU. Ibeagha-Awemu e Erhardt (2006) referiram que 55-65% das populações totais de gado nos Camarões e na Nigéria pertencem à RM e à WF. Estas raças são engordadas essencialmente para carne de bovino, no entanto, a WF também é importante para o fornecimento de leite. Os nossos resultados revelaram que, dentro de cada raça, a categoria com maior frequência é o touro. O nosso estudo revelou também que um grande número de bovinos abatidos eram vacas (24,6%). Este número relativamente elevado está em conformidade com Tolumn (2004), que referiu que, nos Camarões, a maioria dos bovinos abatidos no matadouro municipal de Bamenda eram fêmeas. O resultado revela um grande perigo para a eficiência reprodutiva da população bovina, uma vez que são necessárias mais fêmeas nos processos reprodutivos do que machos. Isto está de acordo com a afirmação de Ayodele *et al.*, 2003, que referiu que o ato de abater animais fêmeas é um impedimento à produção animal. Das vacas estudadas, 27% estavam prenhes e o período de gestação variava entre 1 e 9 meses. Esta proporção (27%) de vacas prenhes abatidas no matadouro SODEPA de Yaoundé é superior ao nível de 16,6% registado em Yaoundé (Teleu, 2008). Isto pode dever-se a uma gestão inadequada do efetivo. Além disso, a pobreza dos criadores pode forçá-los a vender vacas prenhes em troca de receitas de emergência para a família. O abate de vacas prenhes representa enormes perdas económicas para o sector da pecuária e para o país em geral.

3-2-1-3: Influência do sistema de produção nas caraterísticas da carcaça

Os touros transumantes eram os mais velhos em idade e apresentaram o maior CW ao abate ($P<0,05$), enquanto os touros criados em ranchos apresentaram o menor BCS ($P<0,05$) e o maior escore de cor da gordura subcutânea ($P<0,05$). Os touros sedentários apresentaram a maior conformação ($P<0,05$) e escore de gordura ($P<0,05$), mas o menor escore de cor da gordura subcutânea (cor branca; $P<0,05$). Isso está de acordo com os trabalhos de Rohrle *et al.* (2011) que relataram uma cor menos amarela do tecido adiposo em touros alimentados com suplementos alimentares do que em touros alimentados apenas com forragem, devido ao alto teor de caroteno da forragem. O uso de suplementos alimentares é comum no sistema de produção sedentário. O uso de suplementos e a redução da atividade física (como as caminhadas) e, consequentemente, a maior energia disponível para os touros, poderiam explicar por que razão a maior percentagem de gordura foi observada nos touros sedentários.

Este estudo também revelou que o mês do ano influencia grandemente o CW ($P<0,05$) com as tendências do CW semelhantes para touros e vacas. Aumentaram de março a setembro e diminuíram de setembro a março. Estes resultados estão de acordo com o estudo de Deffo *et al.* (2011), que trabalham na região de Adamawa, nos Camarões, e que relataram uma perda de peso média mensal de 13,25 kg contra um ganho de peso médio de 14,45 kg na estação das chuvas e que a queda no desempenho dos animais era equivalente a uma perda económica de 247 682 998 000 FCFA (378 141 982 euros) por ano. Estes resultados podem servir como instrumentos de tomada de decisão para a melhoria do sector pecuário nos Camarões e noutros países africanos. Estes autores identificaram a presença de um período crítico na produção de gado, de dezembro a abril, durante o qual registaram uma perda média de peso corporal dos animais de 13,3 kg/mês devido à má qualidade da forragem. Este período coincide com a estação seca (de novembro a março) nos Camarões.

3-2-1-4: Influência da raça e do sexo na condição corporal e nas caraterísticas da carcaça

A raça teve apenas um efeito limitado nas caraterísticas de carcaça dos bovinos. No entanto, o GU tendeu a produzir as carcaças mais gordas e apresentou a maior conformação de carcaça (P<0,05). Os valores médios de CW variaram entre 152 kg para GU e 158 kg para WF, e estes não foram estatisticamente diferentes entre si (P>0,05). Em todas as raças e categorias animais, houve uma correlação positiva significativa entre o ECC e a gordura da carcaça (r=0,451; P<0,01) e entre a gordura e a cor da gordura subcutânea (r=0,183; P<0,01.). O escore de condição corporal foi maior nos machos castrados e menor nas vacas (P<0,05). Isto pode ser devido à supressão fisiológica dos seus órgãos reprodutores e, como tal, utilizam toda a energia disponível no crescimento e desenvolvimento. O peso da carcaça foi mais elevado nos machos castrados e mais baixo nas novilhas e nas vacas (P<0,05), mas as novilhas apresentaram o peso médio mais baixo. As vacas apresentaram o menor escore de conformação de carcaça (P<0,05), enquanto os castrados apresentaram o melhor (P<0,05). Considerando o escore de gordura, as novilhas apresentaram o maior valor, os touros o menor, enquanto os castrados e as vacas tiveram escores intermediários (P<0,05). Os touros apresentaram o menor escore de cor da gordura subcutânea (P<0,01). Num estudo semelhante, Park *et al.* (2002) registaram uma cor de gordura mais amarela nas vacas do que nos touros. Isto pode ser explicado pelo facto de os touros gastarem a maior parte da sua energia a correr e a montar as vacas, enquanto as novilhas e as vacas conservam grande parte da sua energia no crescimento e no desenvolvimento, o que resulta numa maior quantidade de depósitos de gordura amarela.

3-2-2: Efeito do transporte na qualidade da carne de bovino

O efeito do transporte na qualidade da carne de bovino variou consoante o meio de transporte.

3-2-2-1: Efeito do meio de transporte no trauma e no pH da carne de bovino

O nosso estudo revela que um maior número de bovinos foi transportado para o matadouro por comboio (59,60%) e por camião (38,97%) com 9,57% dos animais expostos a stress pré-abate. Gallo (2008) relatou que uma duração de viagem de 24h, comparada com 3h de viagem, é capaz de aumentar em 5,4 vezes a probabilidade de ter um valor de pH_{24} da carne superior a 5,80. No nosso estudo, as carcaças saudáveis sem traumatismos apresentaram o valor de pH_{24} mais baixo (5,68), enquanto as carcaças com tecidos condenados e traumatismos apresentaram os valores de pH_{24} mais elevados (5,89). Este resultado está de acordo com os resultados de Gallo *et al,* (2001) que examinaram o efeito de 36 horas de transporte rodoviário em alguns indicadores de qualidade da carne de bovino e concluíram que esse transporte afectava negativamente a qualidade da carne produzida e que as paragens para descanso ao longo dessas viagens melhoravam aspectos como menos contusões e carne menos escura. Segundo Geay *et al.* (2001), o pH da carne é fortemente influenciado pelas reservas de glicogénio muscular no momento do abate e pela taxa de arrefecimento da carne.

O efeito do traumatismo dos animais e da condenação das carcaças no pH24 pode ser explicado pelas condições de stress dos animais, que podem ser devidas a muitos factores, como o manuseamento inadequado, o transporte, as doenças e as lesões (Ferguson e Warner, 2008). Weeks *et al.,* (2002) afirmam que o transporte rodoviário pode induzir um stress significativo nos bovinos. Maher *et al.,* (2004) referem que o carregamento, o transporte e o descarregamento de bovinos no âmbito do transporte para um matadouro é muito stressante para os animais. Os problemas de bem-estar associados ao transporte de gado gordo para os mercados incluem a fadiga, o medo e a angústia, o jejum, a desidratação e as lesões. É sabido que a prevalência de hematomas nas carcaças dos bovinos vendidos nos mercados é mais elevada do que nos bovinos vendidos diretamente aos matadouros, o que é citado como prova de que a comercialização em leilão é menos adequada do que a venda direta aos matadouros (Weeks *et al.,* 2002). Por estas razões, uma das maiores empresas internacionais de restauração já não autoriza o seu hambúrguer de carne de bovino europeu. Durante a cadeia de produção da exploração agrícola até ao mercado da carne, pode haver perdas consideráveis na qualidade e na quantidade de carne. Estas perdas podem assumir a forma de condenações de carcaças e de carne devido a contusões, ferimentos e mortes, bem como de perda de qualidade da carne devido a DFD.

3-2-2-2: Efeito dos meios de transporte na cor da carne magra e na cor da gordura subcutânea

Independentemente do tipo de meio de transporte utilizado, a distribuição dos bovinos segundo a categoria de cor da carne magra foi muito significativa ($p < 0,01$). No presente estudo, a cor da carne magra do longissimus dorsi (torácico e lombar) foi predominantemente vermelha (1549 casos, o que representa 79,3%), seguida do vermelho escuro (385 casos, o que representa 19,7%). Estas duas cores podem ter sido influenciadas pelos seguintes factores: idade, alimentação e atividade do animal, especialmente o modo de transporte para o matadouro. A cor é também influenciada pelo grau de stress ante mortem. As enzimas ou as proteínas podem ter sido responsáveis pela maior parte da cor vermelha (Priolo *et al.*, 2001) e a cor vermelha escura pode ter sido devida ao stress. A cor vermelha forte e brilhante é preferida na maioria dos mercados, enquanto as cores indesejáveis incluem a carne de bovino de cor vermelha escura. De acordo com muitos estudos, o pH final e a cor da carne são os índices mais importantes da qualidade da carne. Devem ser utilizados numa avaliação normal da carne e especialmente na escolha da carne para o processo de envelhecimento. Os mesmos parâmetros de qualidade são tidos em conta na avaliação de carcaças e carne destinada à exportação (Goni *et al.*, 2007). Ao avaliar a carne, um consumidor presta muita atenção à sua cor, que, como impressão visual, é induzida principalmente pela presença de pigmentos, mas também depende da composição dos tecidos e da estrutura da carne. Assim, a cor da carne fresca é um parâmetro de qualidade importante que determina a resposta do consumidor e a decisão de comprar ou não comprar esse produto no retalho (Goni *et al.*, 2007). No presente estudo, a cor vermelha brilhante observada na maioria dos bovinos abatidos foi transportada por comboio e por camião. Pode, portanto, presumir-se que as condições de bem-estar foram bem respeitadas pelos transportadores na maioria dos casos.

3-2-3: Efeito da raça na qualidade da carne de bovino

Verificou-se um efeito notável da raça na qualidade da carne de bovino. As caraterísticas físico-químicas do músculo longissimus em relação às raças autóctones e a composição em ácidos gordos do músculo longissimus lumborum.

3-2-3-1: Caraterísticas físico-químicas do músculo longissimus em relação às raças autóctones

Neste estudo, no que respeita à composição química das amostras de carne de bovino, os nossos resultados mostraram que a carne produzida pelo GU tinha um teor de proteína mais elevado do que a produzida pelas raças WF e RM, mas a percentagem de proteína não diferiu consideravelmente entre as raças. No entanto, o teor médio de proteína da carne bovina (21,8%) encontrado neste estudo foi semelhante aos valores previamente relatados por muitos outros autores em raças Bos Taurus (Maher *et al.*, 2004; Bures *et al.*, 2006; Piasentier *et al.*, 2009; Corazzin *et al.*, 2013). Bressan *et al.*, (2011) trabalhando com Bos indicus, mostraram um efeito da dieta, pastagem e suplementação de grãos, mas não da raça sobre o teor de proteína da carne bovina. O efeito da raça no teor de gordura da carne de bovino não foi estatisticamente significativo. A gama recomendada de gordura para garantir uma palatabilidade aceitável da carne de bovino situa-se entre 3 a 4%, conforme relatado por Zorzi, *et al.*, (2013), mas no nosso caso foi encontrado um teor médio de gordura de 1,2%. Os baixos valores registados no nosso estudo reflectiram provavelmente as condições de criação, em particular no que diz respeito à baixa energia fornecida aos animais pela pastagem natural. O excesso de energia consumida é convertido em gordura.

O teor de cinzas da carne de bovino não diferiu entre as raças, possivelmente porque as amostras de carne de bovino eram provenientes de animais de faixa etária semelhante. Os nossos resultados estão de acordo com o estudo de Do Prado *et al.*, (2009), que concluíram que o teor de cinzas varia ligeiramente de acordo com a raça ao estudarem a composição química e de ácidos gordos do músculo longissimus de touros cruzados terminados em confinamento.

No nosso estudo, encontrámos uma força de cisalhamento Warner Braztler média de 86,1 N e a carne produzida por touros GU foi considerada mais dura em comparação com a das outras duas raças (P<0,05), uma vez que a sua força de cisalhamento foi superior à das outras. Fakolade (2012) encontrou uma força de cisalhamento menor na carne bovina GU na Nigéria, enquanto Shackelford *et al.*, (1991) não encontraram diferenças significativas na força de cisalhamento entre Bos taurus e Bos indicus. Os valores da força de cisalhamento registados para a carne de bovino variam consideravelmente, dependendo de factores como o manuseamento inadequado antes e durante o abate, o regime alimentar, o pH e a gordura (Fienms *et al.*, 2000). Esta menor maciez da carne de bovino registada na GU pode também dever-se a muitos factores, tais como: comprimento dos sarcómeros, conteúdo do tecido conjuntivo e fragmentação dos componentes das miofibrilhas (Koohmaraie, *et al.*, 2002).

Gudali apresentou carne mais escura (L*) do que WF (P<0,05). Um efeito de raça no parâmetro L* foi encontrado em concordância com King *et al.*, (2010) que, ao comparar a estabilidade da cor magra de diferentes raças, encontrou diferenças em L*, mas não em a* e b* no abate, sugerindo que o menor valor de L* poderia estar relacionado não só com a humidade ou o teor de gordura da carne, mas também com um maior metabolismo oxidativo no músculo longissimus do gado (Delgado *et al.*, 2006 e Duplesis e Hoffman 2007). Seideman *et al.*, (1984) referiram que se o pH final da carne for elevado, o estado físico das proteínas estará acima do seu ponto isoelétrico. As proteínas associar-se-ão a mais água no músculo e, além disso, as fibras ficarão bem compactadas. Por conseguinte, esta carne é escura porque a sua superfície não dispersa a luz na mesma medida que a superfície aberta da carne com pH mais baixo.

3-2-3-2: Composição em ácidos gordos do músculo longissimus lumborum

No presente estudo, considerando o peso lipídico total e a proporção relativa de AF no m. longissimus lumborum de acordo com a raça, o teor de gordura intramuscular da carne foi baixo (1,34 ± 0,912 g/100 g de músculo) e não diferiu entre as raças. Isto deveu-se possivelmente à falta de seleção genética dos animais (Deffo *et al.*, 2011). Este baixo valor do teor de gordura intramuscular é semelhante ao relatado por Salifu *et al.*, (2013) em touros Fulani criados em pastagem natural no Benim. Muchenje *et al.* (2009b) também relataram um valor mais baixo ao estudar os perfis de ácidos gordos da carne de bovino de Nguni e Bonsmara. Saveli & Cross (1988) sugeriram um mínimo de 3% de gordura para garantir uma palatabilidade aceitável da carne de bovino. Dado que o teor de gordura do presente estudo foi inferior a este limiar, a carne das três raças pode ser pouco palatável.

No geral, a raça teve um efeito limitado no perfil de AF da carne no presente estudo. Em estudos com Canchim e Canchim x Charoláis (Do Prado *et al.*, 2009) e gado Nguni e Bonsmara (Muchenje *et al.*, 2009b), a raça também teve um pequeno efeito na composição de FA da carne. No entanto, no presente estudo, o perfil de AG da carne de bovino da raça GU foi semelhante ao da raça RM, com a única exceção de que o Cl8:0 foi mais baixo na carne de bovino GU do que na carne de bovino RM. Considerando os FAs lineares de cadeia ímpar, a GU apresentou maior proporção de ácido tridecanóico (C13:0), menor de ácido pentadecanóico (C15:0) e menor de ácido margárico (C17:0) (P = 0,08) do que a carne bovina da RM. Estes resultados podem ser explicados por diferenças genéticas entre as raças relacionadas com a síntese de novo de C15:0 e C17:0 a partir de propionato no tecido adiposo (Vlaeminck *et al.*, 2006). Bressan *et al.* (2011) sugeriram que as diferenças no trato gastrointestinal e no volume do rúmen entre raças podem influenciar o ecossistema microbiano ruminal, o que também poderia explicar as observações feitas no presente estudo. Isto é confirmado pelas diferenças observadas entre as proporções de ácido a-linolénico (C18:3n-3) e Cl 8:0 da carne de bovino GU e WF. De facto, a carne de bovino da GU tinha uma proporção mais elevada de C18:3n-3, e apresentava proporções mais elevadas de ácido linoleico (C18:2n-6) (P = 0,10) e mais baixas de C18:0 do que a carne de bovino da WF. Considerando que os ácidos gordos C18:3n-3 e C18:2n-6 são exclusivamente de origem alimentar e que o Cl 8:0 é um produto final da bio-hidrogenação dos ácidos gordos essenciais da dieta, pode especular-se que a bio-hidrogenação ruminal da gordura da dieta ocorreu em menor grau nos bovinos GU do que nos bovinos WF. Em média, os AGPI totais e os AGPI n-3 representaram 13,9 % e 4,6 % dos lípidos totais, respetivamente, o que é consistente com os valores comunicados por Salifou *et al.* (2013) para zebuínos Fulani (raças mistas) do Benim. Pelo contrário, Muchenje *et al.*, 2009 relataram valores mais elevados de PUFA total e n-3 PUFA em novilhos Nguni e Bonsmara da África do Sul, ao passo que eram mais baixos em gado Nell ore e em cruzamentos de Nell ore com Simmental e Santa Gertrudes da América do Sul (Ruiz *et al.*, 2005; Padre *et al.*, 2006). Uma vez que os bovinos em todos estes estudos foram criados em pastagens naturais, as diferenças nos AGPI totais e nos AGPI n-3 poderiam possivelmente ser explicadas por diferenças na idade de abate, bem como pelos diferentes níveis de marmoreamento. Os rácios PUFA/SFA e n 6/n 3 neste estudo foram significativamente inferiores ao valor recomendado pelo Ministério da Saúde britânico. O rácio médio de PUFA n-6/n-3 foi de 1,95, enquanto o valor máximo necessário para reduzir o risco de doença coronária recomendado é de 4,0 (Departamento de Saúde Inglês, 1994). Não foram observadas diferenças significativas em função da raça, em desacordo com Raes *et al.*, (2003), que sugeriram que estes rácios são influenciados principalmente por factores genéticos porque a deposição de gordura difere entre raças. A dieta natural baseada em pastagens, caracterizada por uma elevada proporção de ácido linolénico (Webb e Erasmus, 2013), pode explicar a ausência de diferenças entre raças e o baixo rácio n-6/n-3 da carne de bovino (Zapletal, *et al.*, 2009). O rácio mínimo PUFA/SFA recomendado para a saúde humana é de 0,45 (Simopoulos, 2004), um valor muito superior ao valor médio de 0,29 registado neste estudo. Esta incapacidade de atingir o rácio ideal de AGPI/AGS foi relatada em bovinos Bos taurus (Piasentier *et al.*, 2009; Corazzin *et al.*, 2012; Ripoll *et al.*, 2014) e Bos indicus (Ruiz *et al.*, 2005; Bressan *et al.*, 2011) devido à extensa bio-hidrogenação dos AGPI da dieta pelos microrganismos do rúmen. O índice aterogénico, que é um indicador do risco de doença cardiovascular, deve ser tão baixo quanto possível. O teor de CLA da carne de bovino das três raças foi semelhante, e o valor médio (0,28% do total de lípidos) está dentro do intervalo relatado para o gado zebu e derivado de zebu (0,15% a 0,43% do total de lípidos) criado em pastagens naturais em todo o mundo (De Mendoza *et al.*, 2005; Muchenje *et al.*, 2009b; Salifu *et al.*, 2013). Os resultados obtidos sobre a composição de AG no nosso estudo revelam que o consumo de carne de vaca das raças GU, WF e RM pode ser benéfico para a saúde humana devido ao rácio entre AGS e ácidos gordos poli-insaturados.

As principais FAs no presente estudo foram C16:0, C18:0, C18:ln-9c e C18:2n-6c. C16:0 e C18:ln-9c foram positivamente correlacionados, enquanto C18:2n-6c foi negativamente correlacionado com o conteúdo de gordura intramuscular do m. longissimus thoracis. Não foi encontrada uma correlação estatisticamente significativa entre Cl8:0 e o teor de gordura total. Além disso, SFA e MUFA foram positivamente correlacionados, enquanto PUFA foi negativamente correlacionado com o conteúdo de gordura intramuscular. Estes resultados estão em estreita concordância com os resultados de Brugiapaglia *et al.*, (2014) em raças Bos taurus. Isto pode ser causado pela diminuição da relação fosfolípidos/lípidos neutros que resulta do aumento da gordura intramuscular, tal como referido por ftoh *et al.*, (1999) em novilhos de raças Bos taurus. O índice de alongamento não foi correlacionado com o teor de gordura total (P = 0,12). Kazala *et al.*, (1999) relataram apenas uma correlação negativa moderada entre o índice de elongase e o conteúdo lipídico total (r = -0,31; P <0,10) do músculo longissimus de bovinos cruzados da raça Wagyu. Não foi encontrada uma correlação estatisticamente significativa entre o índice de dessaturase A9 e o conteúdo lipídico total. Esses resultados estão de acordo com os achados de Corazzin *et al.*, (2013), que não encontraram diferenças no índice de Δ9 dessaturase ao comparar animais com diferentes depósitos de gordura subcutânea, mas em contraste com os achados de Jiang *et al.*, (2008), que relataram uma correlação positiva entre a atividade da Δ9 dessaturase e o marmoreio da carne bovina.

Os processos de lipólise e de bio-hidrogenação no rúmen, que resultam na conversão dos AGPI da dieta em produtos finais mais saturados, são as principais razões pelas quais as gorduras dos ruminantes são altamente saturadas por natureza. No entanto, esta bio-hidrogenação é também responsável pelo facto de as gorduras dos ruminantes serem a principal fonte de ácido linoleico conjugado (CLA), uma gama de isómeros cis e trans conjugados do ácido octa-decadenóico, alguns com importantes actividades anticarcinogénicas ou antiaterogénicas. A compreensão dos acontecimentos que envolvem o metabolismo dos ácidos gordos no rúmen é fundamental para o desenvolvimento de estratégias eficazes de manipulação da composição em ácidos gordos da carne de bovino.

3-2-4: Efeito das patologias na qualidade da carcaça de bovinos

Os resultados da inspeção ante-mortem e da avaliação post-mortem dos órgãos mostraram que, para todos os animais abatidos, mais de 20% das carcaças tinham alguns órgãos condenados. Os principais órgãos condenados foram o fígado (7,01%) e os pulmões (4,56%). No presente estudo, as principais causas de condenação do fígado foram a fasciolose (5,17%) e a tuberculose (3,28%). A taxa de rejeição devida à fasciolose é baixa quando comparada com a taxa de rejeição de 68,7% em Kombolcha, registada por Jemal, 2009. Isto pode dever-se ao clima e às condições ecológicas da área de produção, que mostram que a maior parte dos animais destinados ao abate no matadouro foram trazidos de zonas de planície das zonas ecológicas onde a sobrevivência do caracol hospedeiro intermediário e das espécies de fasciola é relativamente baixa no ambiente (Kambarage *et al.*, 1995). No nosso estudo, 1,02% dos fígados foram condenados devido a abcessos hepáticos. Contudo, Cadmus e Adesokan (2009) registaram uma taxa de condenação de 2,9% de fígados devido a abcessos hepáticos na Nigéria ocidental e Ahmedullah *et al.* (2007) registaram uma taxa de condenação de 3,8% de fígados no Bangladeche. O nosso resultado é semelhante ao de Mellau *et al.*, (2010) que registaram uma taxa de condenação de 1,1% no matadouro de Arusha. A prevalência de vermes hepáticos é uma indicação da falta de uma prática rotineira de desparasitação por parte dos criadores de gado. A tuberculose bovina foi detectada em 4,25% da população bovina estudada. Awah-Ndukum *et al.*, (2010) revelaram uma taxa de deteção de tuberculose em bovinos que variava entre 0,18 e 4,25% nos Camarões.

Considerando a natureza zoonótica da tuberculose bovina, do ponto de vista da saúde pública, esta pode apresentar riscos devastadores para a saúde dos inspectores veterinários, dos trabalhadores dos matadouros e dos consumidores de carne de bovino. De um modo geral, as condenações de órgãos e mesmo de carcaças inteiras, como as referidas neste estudo, têm um impacto negativo na situação económica dos comerciantes e da indústria pecuária em geral. Este facto constituiu uma perda substancial para a economia dos talhantes e dos proprietários de gado, uma vez que essa quantidade de dinheiro teria sido utilizada para melhorar os meios de subsistência. Embora os fígados infectados tenham sido condenados, existem algumas ameaças para a saúde pública decorrentes dos animais abatidos no matadouro, devido à possibilidade de alguns casos não terem sido detectados em resultado da fraca cooperação entre os talhantes e os inspectores da carne e de outras práticas incorrectas, incluindo a ocultação da carne infetada aos inspectores da carne para evitar perdas económicas.

CONCLUSÃO E RECOMENDAÇÕES

Dos resultados deste estudo sobre a avaliação das carcaças de bovinos de raças autóctones abatidos no matadouro SODEPA de Yaoundé, pode concluir-se que: A maior parte do gado destinado ao consumo de carne de bovino na capital Yaoundé provém da Alta Savana da Guiné, seguida do Planalto Ocidental. O Gudali, o Fulani Branco e o Mbororo Vermelho são as principais raças encontradas nas zonas agro-ecológicas e são as principais raças abatidas para consumo de carne de bovino na capital. O meio de transporte do gado para o matadouro influencia a qualidade da carne produzida e 59. 6% dos animais foram transportados por comboio, enquanto 38,9% foram transportados por camião. A carne dos animais transportados por comboio foi a que apresentou menor valor de pHu, cor vermelha viva, melhor índice de condição corporal e menor número de casos traumatizados. O maior número de carcaças com cor vermelha magra foi transportado por camião. No entanto, o melhor meio de transporte a utilizar deve ser o comboio, seguido do camião. O transporte de animais a pé deve ser desencorajado.

O gado criado em sistema sedentário apresentou a melhor conformação de carcaça e gordura; os resultados destacam a importância da alimentação suplementar, especialmente durante os períodos críticos do ano.

A carne produzida pelos touros GU era mais dura, mais escura e tinha o teor de humidade mais baixo do que a dos touros WF e RM. Por outro lado, a carne de vaca GU tinha um teor de proteínas mais elevado do que as produzidas pelas raças WF e RM. Embora a carne de vaca mais tenra e mais leve fosse a da raça Red Mbororo, a WF tinha a percentagem mais elevada de teor de gordura. Existem diferenças marginais na composição de AG da carne de vaca das raças Gudali, White Fulani e Red Mbororo criadas em pasto natural nas diferentes zonas agro-ecológicas dos Camarões. Os rácios PUFA/SFA e n-6/n-3 (1,9) foram significativamente inferiores ao valor máximo (4,0) necessário para reduzir o risco de doença coronária recomendado pelo Ministério da Saúde britânico, o que significa que o consumo de carne de bovino destas raças é benéfico para a saúde humana.

Os animais doentes produzem carne de bovino de muito má qualidade, com valores de pH24 relativamente elevados, que variam entre 5,80 e 5,89, o que caracteriza a carne de bovino Dark Firm Dry (DFD). Muitas doenças identificadas na inspeção post mortem não podem ser diagnosticadas em animais vivos, uma vez que não são fisicamente aparentes. Algumas das doenças diagnosticadas na inspeção são de saúde pública ou de importância zoonótica, por exemplo, a tuberculose. Os registos obtidos no matadouro a partir da inspeção da carne dão uma visão panorâmica ou instantânea dos tipos de condições patológicas diagnosticadas durante a inspeção da carne. As doenças mais predominantes incluem a fasciolíase hepática, a tuberculose, os abcessos e os endoparasitas (cestodes e nemátodos). Isto dá uma ideia da condição de doença que ocorre no gado dentro das zonas agro-ecológicas nos Camarões e, subsequentemente, o impacto destas condições patológicas na qualidade da carne de bovino.

Os registos da qualidade das carcaças e da inspeção da carne obtidos neste estudo fornecem um retrato interessante e atualizado das condições do gado, da qualidade da carne de bovino e da segurança alimentar nos Camarões; o principal ator e exportador agrícola da sub-região da África Central. Os resultados dos dados deste estudo poderiam ajudar as autoridades governamentais a elaborar programas com o objetivo de melhorar a produção de gado, a oferta de carne de bovino e evitar a proliferação das patologias observadas, reforçando simultaneamente o comércio regional.

SODEPA/MINEPIA deve:

Desenvolver um programa de criação de gado zebuíno, que identifique os animais superiores entre as três raças autóctones, calculando as diferenças esperadas na descendência em termos de peso e de aumento de peso em diferentes idades, bem como os traços de fertilidade e a eficiência reprodutiva.

Incentivar a prática do sistema de produção sedentário como estratégia para melhorar a produtividade através de uma melhor utilização dos alimentos disponíveis, com melhoria das forragens e pastagens para aumentar a produção de carne. Além disso, é necessário fixar os pastores nómadas e transumantes através da criação de reservas de pastagem e do incentivo à criação de gado em explorações de perímetro restrito.

Recolher dados adequados sobre a população animal, a produção, a comercialização e a incidência de doenças e, com base neles, preparar planos de desenvolvimento a curto e a longo prazo para o desenvolvimento do sector.

A SODEPA deveria melhorar o método de pecuária utilizado, pois a pecuária moderna é frequentemente considerada uma melhoria em relação à gestão tradicional do gado e produzirá mais carne de bovino de melhor qualidade.

Elaborar e aplicar legislação em matéria de bem-estar dos animais, prestando especial atenção ao modo de transporte, à manipulação, à inspeção veterinária e às infra-estruturas e equipamentos dos matadouros.

Os criadores de animais devem praticar o sistema de produção sedentário e optar pela criação de gado das raças Gudali e White Fulani, porque a carne produzida por estes animais é de melhor qualidade do que a produzida pelo Red Mbororo.

Os consumidores devem sentir-se à vontade para consumir a carne de bovino vendida nos talhos de todo o país, uma vez que a qualidade da carne de bovino produzida pelas três principais raças de gado abatidas nos Camarões é de boa qualidade. No entanto, se houver preferência, deve ser escolhida a carne de bovino da WF. A cor deve ser utilizada como um critério de seleção importante e a carne de bovino de cor vermelha viva deve ser preferida.

Perspectivas

Este estudo é uma investigação pioneira que elucida as caraterísticas e qualidades particulares da carne de bovino das três raças mais populares nos Camarões. Para investigações futuras, são feitas as seguintes sugestões:

É necessário realizar um estudo sobre os padrões de consumo de carne em conjunto com a análise do perfil de colesterol e de ácidos gordos, de modo a ter uma indicação do colesterol e dos ácidos gordos presentes na carne de bovino consumida pela população local.

Seria realizado um estudo para avaliar a qualidade e a segurança da carne nos talhos. O desenvolvimento de normas nacionais para a classificação da carne de bovino dos Camarões poderia ser um estudo muito útil neste domínio.

REFERÊNCIAS

Ahmedullah, F.M., M.G. Akbor, M.M. Kaider e Hossain, K., 2007. Pathological investigation of liver of the slaughtered buffaloes in Barisal district, Bangladesh J. Vet. Med., 5: 81-85.

Alberti, P., Ripolli G., Goyache, F., Lahoz, F., Olleta, J. L., Panea, B., Sanudo, C., 2005. Caracterização da carcaça de sete raças espanholas de carne de bovino abatidas com dois pesos comerciais. Meat Science ,71, 514-521.

AMSA, 1978. Guidelines for cooking and sensory evaluation of meat. American meat science association, Chicago, IL; National Livestock and Meat Board.

Andersen, H.A., Oksbjerg, N., Young, J. F., Therkildsen, M., 2005. Alimentação e qualidade da carne - uma abordagem futura. Meat Science, 70, 543-554.

Anderson, P.T., 1990. Sistema de cruzamento para bovinos. Journal Diary Science, 77:1025-1118.

AOAC, 2000. Métodos oficiais de análise. 17ª edição. Ed. Maryland, EUA: Association of Official Analytical Chemistry.

Aaslyng, M.D., Oksama, M., Olsen, E. V., Bejerholm, C., Baltzer, M., Andersen, G., Bredie, W.L.P.,Byrne, D. V., Gabrielsen, G., 2007. O impacto da qualidade sensorial da carne de porco na preferência do consumidor. Meat Science, 76, 61-73.

Awah-Ndukum, J., Kudi, A.C., Bradley, G., Ane- anyangwe, I. N., Fon-Tebung, S., Tchoumboue, J., 2010. Prevalência da tuberculose bovina em matadouros das regiões do Litoral e das Terras Altas Ocidentais dos Camarões: um motivo de preocupação para a saúde pública. Veterinary Medicine International 2010, 8pages doi: 10: 4061/2010/4950.

Ayodele, A.O., Fadiyimu, A.A, Folorunsho, O.R e Olowu, O.P.A (2003). "Foetal wastages through the slaughtering of pregnant cows in Akure abattoir" proceedings of 28th conference of Nigeria Society of Animal Production (2003) Vol. 2: 45-51.

Barton, L., Bures, D., Kudma, V., 2010. Qualidade da carne e perfil de ácidos gordos do músculo longissimus lomborum em touros checos Fleckvieh, Charolias, Charolais x Czech Fleckveih alimentados com diferentes tipos de silagem. Czech J. Anim. Sci. 55, 479-487.

Barton, L., Marounck, M., Kudma, V., Bures, D., Zahradkova, R., 2007. Growth performance and fatty acid profiles in intramuscular and subcutaneous fat from Limousin and Charolais hiefers fed extruded linseed, Meat Science, doi:10.1016/j.meatsci.2007.01.005.

Baublits, R.T., Brown, A.H., Pohlman, F.W., Johnson, Z.B., Onks, D.O., Loveday, H.D., Morrow, R.E., Sandelin, B.A., Coblentz, W.K., Richards, C.J., Pugh, R.B., 2004. Caraterísticas da carcaça e da cor da carne de três tipos biológicos de bovinos que pastam forragens de estação fria suplementadas com cascas de soja. Meat Science, 68, 297-303.

Becker, T., 2000. A perceção do consumidor sobre a qualidade da carne fresca: A frame for analysis. British Food Journal, 102, 158-176.

Belury, M. A., 2002. Dietary conjugated linoleic acid in health:physiological effects and mechanisms of action. Revisão Anual de Nutrição, 22 505-531.

Bhutta, Z,.1999. Proteína: digestibilidade e disponibilidade. In: Enciclopédia de Nutrição Humana. P. 1646-1656.

Blench, R., 1999. Raças tradicionais de gado: Geographical Distribution and Dynamics in relation to the Ecology of West Africa (Distribuição Geográfica e Dinâmica em relação à Ecologia da África Ocidental). Overseas Development Institute Portland House, Stag Place London, SWIE5DP, 1-67.

Bressan, M. C., Rossato,L.V., Rodrigues,E.C., Alves, S.P.,Bessa, R.J.B., Ramos, E.M.,Gama, L.T., 2011. Interações genótipo x ambiente perfis de ácidos graxos em Bos indicus e Bos Taurus terminados em pasto ou grão. J. Anim. Sci. 89, 221-232.

Brugiapaglia, A., Lussiana, C., Destefanis, G., 2014. Perfil de ácidos graxos e teor de colesterol da carne bovina no varejo das raças Piemontese, Limousin e Frisian. MEAT Sci. 98, 568-573.

Bucrep., 2010. Bureau central des recensement et des etudes de la population Cameroun. 90e Anniversaire de la Foundation du PCC. Le quotidian du poeple en ligne. 15.04.2012 16h 35.

Bures, D., Barton, L., Zahradkova, R., Teslik, V., Krejcova, M., 2006. Composição química, caraterísticas sensoriais e perfil de ácidos gordos do músculo de touros Aberdeen Angus, Charolês, Simmental e Hereford. Jornal Checo de Ciência Animal, 51, 279-284.

C. E.D.B.T., 2004. Analyse de l'etat de conservation des especes animales domestiquuees au Tchad, doc Internet WWWcedbt.org/ch3taxonomie.htm.

Cadmus, S.I.B., Adesokan, H. K., 2009. "Causes and implications of bovine organs/ offal condemnations in some abattoirs in Western Nigeria, "Tropical Animal Health and Production, vol.41, no, 7, pp 1455-1463.

Campo, M.M., Santolaria, P., Sanudo, C., Lepetit, J., Olleta, J.L., Panea, B., Alberti, P., 2000. Assessment of breed type and ageing time effects on beef quality using two different texture devices. Meat Science, 55, 371-378.

Carpenter, C., Cornforth, D.P. & Whittier, D. (2001). As preferências dos consumidores em relação à cor e à embalagem da carne de bovino não afectam a satisfação alimentar. Meat Science 57(4), 359-363.

Chambaz, A., Scheeder, M. R. L., Kreuzer, M., Dufey, P.A., 2003. Qualidade da carne de novilhos Agus, Simmental, Charolês e Limousin comparada com o mesmo teor de gordura intramuscular. Meat SCIENCE, 63,491-500.

Comissão Internacional de Iluminação, 1976. Colorimetria. Segunda edição. Viena, Suíça. CIE. controlo com especial referência à Etiópia, pp 99-113.

Corazzin, M., Bovolenta, S., Sepulcri, A., Präsentier, E., 2012. Efeito da adição de sementes de linhaça inteiras na produção e qualidade da carne de touros jovens italianos Simmental e Holstein. Meat Science, 90: 99-105.

Corazzin, M., Bovolenta, S., Sacca, E., Bianchi, G., Präsentier, E., 2013. Efeito da adição de linhaça inteira na expressão de alguns genes do metabolismo lipídico no tecido adiposo de touros jovens italianos Simmental e Holstein. Journal of Animal Science 91: 405-421.

Daley, C., Abbott, A., Doyle, P. S., Nader, G. A., & Larson, S., 2010. A review of fatty acid profiles and antioxidant content in grass-fed and grain-fed beef. Revista de Nutrição, 9, 10.

Dannenberger, D., Nürnberg, G., Scollan, N., Schabbel, W., Steinhart, H., Ender, K., 2004. Effect of diet on the deposition of n-3 fatty acids, conjugated linoleic and 18:1 trans fatty acid isomers in muscle lipids of German Holstein bulls. Journal of Agricultural and Food Chemistry, 52, 6607-6615.

Deffo, V., Pamo, E.T., Tchotsous, M., Lieugomg, M., Arene, C.J., Nwagbo, E.C., 2011. Determinação do período crítico para a criação de gado nos Camarões. Int. J. Livest. Prod. 2, 59-68.

De M endoza, G.M., de Moreno, L.A., Huerta-Leidenz, N., Uzcategui- Bracho, B., Beriain, M. J.,Smith, G.C., 2005.0corrência de ácido linoleico conjugado no músculo longissimus dorsi de búfalos de água (Bubalus bubalis) e gado tipo zebu criados em condições de savana. Maet Sei. 69,93-100.

De Smet, S., Raes, K., Demeyer, D., 2004. Meat fatty acid composition as affected by fatness and genetic factors: a review. Animal Research, 53, 81-98.

Delgado, E. F., Aguiar, A. P., Ortega, E. M. M., Spoto, M. H. F., Castillo, C. J. C., 2006. Perceção dos consumidores brasileiros sobre a maciez de bifes de carne bovina classificados pela força de cisalhamento e sabor. Scientia Agricola, 63, 232-239.

Do Prado, I. N., de Oliveira, A. N., Rotta, P. R., Perotto, D., do Prado, R. M., Silva, R. R., de Souza, N. E., Moletta, J. L., 2009. Composição química e de ácidos graxos do músculo Longissimus de touros cruzados terminados em confinamento. Asian-Australasian Journal of Animal Science, 22(7), 1054-1059.

Duplesis e Hoffman, L.C., 2007. Efeito da idade de abate e da raça nas caraterísticas da carcaça e na qualidade da carne de novilhos terminados em pastagens naturais nas regiões subtropicais da África do Sul, South Africa Journal of Animal Science 37,143-153

Ebangi, A.L., Achukwi, M.D., Messina, D. e Abba, D., 2011. Caracterização das raças bovinas taurinas Doayo e Kapsiki dos Camarões no seu ambiente natural. Saúde e Produção Animal Tropical. Vol 3. Número 6.page 1117-1122.

Edi, P., 2006. Notas de aula. Projeto de formação de profissionais em inspeção e controlo de alimentos de origem animal nos Camarões, organizado pela Universidade de Yaoundé 1 e a Universidade de Udine - Itália. Uma empresa internacional. Avaliação da composição e qualidade da carcaça.

Elisabeth, H. L.,e. Steven, M. L., 2005. Mecanismos da capacidade de retenção de água da carne: The role of postmortem biochemical and structural changes. Meat Science 71 (2005) 194-204

Departamento de Saúde Inglês, 1994. Aspectos nutricionais das doenças cardiovasculares. Relatório do painel sobre Valores de Referência Dietética do comité sobre Aspectos Médicos da Política Alimentar. Relatório sobre Saúde e Assuntos Sociais, vol.46. Her Majesty's Stationery Office, Londres.

Comissão Europeia, 1981. Regulamento do Conselho, de 28 de abril de 1981, que estabelece a grelha comunitária de classificação das carcaças de bovinos adultos, 1208/81/CEE. In: Jornal Oficial, L214,07/05/1981.

Comissão Europeia, 1991. Regulamento do Conselho de 22 de abril de 1991 que altera o Regulamento (CEE) n.º 1208/81 que estabelece a grelha comunitária de classificação das carcaças de bovinos adultos, 1026/91/CEE. In: Jornal Oficial, L 106,26/04/1991

Eveline, M. I., Oliver, C. J., Christina, W., Georg, E., 2004. Diversidade genética, introgressão e relações entre raças bovinas da África Ocidental/Central. Genet. Sei. Evol. 36(2004) 673690 © INRA, EDP Science, 2004 DOT 10.105/ gse:2004024.

FAO, 2000. Organização das Nações Unidas para a Alimentação e a Agricultura. World Watch List for Domestic Animal Diversity, 3rd edn., Food Agriculural Organization, Roma.

FAO, 2004. Manual de produção e saúde animal da FAO 1. Boas práticas para a indústria da carne. **FAO, 2006.** Manual de produção e saúde animal 2 da FAO. Boas práticas para a indústria da carne.

Páginas 1-19. Organização das Nações Unidas para a Alimentação e a Agricultura Fundação Carrefour Internacional Roma, 2004.

FAO, 2007. Organização das Nações Unidas para a Alimentação e a Agricultura. Consumo de carne, Divisão de Produção e Saúde Animal.

FAO, 2007. Le marche des produits laitiers, cames et avicoles en 2007. 126p

Ferguson, D. M., Warner, R. D., 2008. Teremos subestimado o impacto do stress pré-abate na qualidade da carne dos ruminantes? Meat science 80: 12-19.

Fisher, A.V., Enser, M., Richardson, R.L., Wood, J. D., Nute, G. R., Kurt, E., 2000. Fatty acid composition and eating quality of lamb types derived from four diverse breed production systems. Meat Science, 55,141-147.

Folch, J., Lees, M., Sloane Stanley, G. H., 1957. A simple method for isolation and purification of total lipids from animal tissues (**Um** método simples para isolamento e purificação de lípidos totais de tecidos animais). Journal of Biological Chemistry, 226, 497-509.

Fakolade, P.O., 2012. Composição aproximada de "Kundi", um produto de carne de camelo da Nigéria, em comparação com "Kundi", feito a partir de 3 raças de gado. Disponível em: http://www.inaci.com/attachments/section/17/Temp%20 outubro%20.

Gallo, C., Espinoza, M.A., Gasic, J., 2001. Efeitos de 36 horas de transporte rodoviário com ou sem período de repouso sobre o peso vivo e alguns aspectos da qualidade da carne em bovinos. Arch Med Vet 33: 4353.

Gallo, C.B., 2008. Usando evidências científicas para informar políticas públicas sobre o transporte de animais a longa distância na América do Sul. Vet. Ital. 44: 113-120.

Gbeunga, T., 1994. Contribution a l'evaluation des performances de production laitiere de deux races bovines Arabe Choa et Gudali a la ferme de vulgarisation du projet pilote de Ngaoundere. Contrainte et strategies d' amelioration. Uds(INADER), 87P.

Geay, Y., Bauchart, D., Hocquette, J. F., Culioli, J. (2001). Efeito dos factores nutricionais nas caraterísticas bioquímicas, estruturais e metabólicas dos músculos dos ruminantes, consequências no valor dietético e nas qualidades sensoriais da carne. Reproduction Nutrition Development, 41, 1-26.

Glitsch, K., 2000. Consumer perception of fresh eat quality: Cross- national comparison. British Food Journal, 102, 177-194.

Goni, M.V., Beriain, M.J., Indurain, G., Insausti, K. (2007): Predicting longissimus dorsi texture characteristics in beef based on early post-mortem colour measurements. Meat Science, 76, 38-45.

Gracey, J.E., 1986. Meat Hygiene, Bailliere Tindall, Londres, Reino Unido, 9th edition.

Grandin, T., 2001. Cattle vocalizations are associated with handling and equipment problems at beef slaughter plants, Appl. Anim. Behav. Sci.71:191-201.

Gregory, N.G., 1998. Animal welfare and meat science. CAB International, Wallingford, Oxfordshire, Reino Unido, P 298.

Hanotte, O., Tawah, C.L., Bradley, D.G., Okomo, M., Verjee, Y., Ochieng, J., Rege, J.E.O., 2000. Distribuição geográfica e frequência de um Bos taurus taurino e de um Bos indicus indicino do alelo específico Y entre as raças bovinas da África Subsariana. Molecular Ecology. 9(4), 387-396.

Henrik, J. A.,. Niels, O., Jette, F. Y., Margrethe, T., 2005. Alimentação e qualidade da carne - uma abordagem futura. Meat Science 70, 543-554.

Herberich, E., Sikorski, J., Horthom, T., 2010. Um procedimento robusto para a estimação de médias múltiplas sob heterocedasticidade em projectos não equilibrados. Pios. One 5, e9788.

Herenda, C. D., e Chambers, P.G., 1994. Manual on meat inspection for developing countries. Organização das Nações Unidas para a Alimentação e a Agricultura.

Hocquette, J.F., Lehnert, S., Barendse, W., Cassar-Malek, I., Picard, B., 2007. Recent advances in cattle functional genomics and their application to beef quality, Animal, 1,159173.

Huff-Lonergan, E., Longergan, S.M., 2005. Mecanismos da capacidade de retenção de água da carne: The roleof post-mortem biochemical and structural changes. Meat Science 71(1), 194-204.

Huff-Lonergan, E., Zhang, W.G., Lonergan, S.M., 2010. Biochemistry of post-mortem muscl- Lições sobre os mecanismos de amaciamento da carne. Meat Science 86(1), 184-195.

Ibeagha-Awemu, M.E,. Erhardt, G., 2006. Uma avaliação dos índices de diversidade genética das raças bovinas Red Bororo e White Fulani com diferentes marcadores moleculares e suas implicações para as opções actuais e futuras. Trop Anim Health Prod. 38:431-441.

Ibrahim, H. e Olaloku, E., 2000. Melhoramento do gado para leite, carne e tração. ILRI manual No 4. ILRI (Intemational Livestock Rresearch Institute), Nairobi, Quénia. 135pp.

ILRI, 2004. Raising livestock production in Africa In Assuring Food and Nutrition Security in Africa by 2020: Prioritizing Action, Strengthening Actors, and Facilitating Partnerships 1-3 de abril de 2004. Kampala, Uganda. Sessão Paralela: Implementação de acções em áreas-chave: Aumento da Produtividade Agrícola Painelista: Carlos Sere, Diretor-Geral, Instituto Internacional de Investigação Pecuária (ILRI), Quénia.

IRAD, 2007. Instituto de Investigação Agrária para o Desenvolvimento. Zonas Agro-ecológicas, Centros, Estações e Antenas.

ISO, 1994. Norma Internacional 8402. Gestão da qualidade e garantia da qualidade - terminologia. Ref. N.º ISO 8402:1994. Organização Internacional de Normalização, Genebra, Suíça.

Itoh, M., Johnson, C.B., Cosgrove, G.P., Muir, P.D. & Purchas, R.W., 1999. Composição de ácidos gordos intramusculares de lípidos neutros e polares para novilhos Angus e Simmental de peso elevado terminados em pastagem ou em grão. J. Sci. Food Agric. 79, 821-827.

Jemal, T., 2009. Major causes of organ condemnationin cattle slaughter at Kombolcha ELFORA meatfactory abattor south Wollo, DVM thesis, HaramayaUniversity, Ethiopia

Jiang, Z., Michal, J.J., Tobey, D.J., Danies, T.F., Rule, D.C., MacNeil, M. D., 2008. Significant association of Stearoyl-CoA desaturase (SCDI) gene with fat deposition and composition in skeletal musle. Int. J. Biol. Sci. 4, 345-351.

Johnston, D.J., Reventer, A., Ferguson, D.M., Thompson, J.M., Burrow, H.M., 2003. Genetic and phenotypic characterization of animal, carcass, and meat quality traits from temperate and tropically adapted beef breeds, 3. Meat quality traits. Revista australiana de investigação agrícola, 54, 135-147.

Kambarage, D. M., Kimeraa, S.I., Kazwalaa, B.R., Mafwereb, B. M., 1995. Condições de doença responsáveis pela condenação de carcaças e órgãos em gado Zebu de chifre curto abatido na Tanzânia. Preventive Veterinary Medicine 22 pg 249-255.

Katrien, V., David, M., Ellen, G., Sali, D., Mboscuda, C., 2008. Endogenous Livestock Development in Cameroon. Explorando o potencial das iniciativas locais para o desenvolvimento da pecuária. @ Agromisa Publishers, Livro: ISBN 978-90-8573-093-4, DVD: ISBN 97890-8573-086-6. Páginas 1-62.

Kazala, E.C., Lozeman, F.J., Mir, P.S., Laroche, A., Bailey, D.R., Weselake, R. J., 1999. Relationship of fatty acid composition to intramuscular fat content in beef from crossbred Wagyu cattle. J Anim. Sci 77:1717-1725.

King, D. A., Shackelford, S. D., Kuehn, L. A., Kemp, C. M., Rodríguez, A. B., Thallman, R. M., Wheeler, T. L, 2010. Contribuição das influências genéticas para a variação de animal para animal no teor de mioglobina e na estabilidade da cor da carne magra. *Journal of Animal Science, 88,* 11601167.

Knox, M.R., Torres-Acosta, J.F.J,. Aguilar-Caballero, A.J., 2006. Explorando o efeito da suplementação dietética de pequenos ruminantes na resiliência e resistência contra nemátodos gastrointestinais. Veterinary Parasitology. 139, 385-393.

Koohmaraie, M., Geesink, G. H., 2006. Contribuição da bioquímica muscular post-mortem para a obtenção de uma qualidade de carne consistente, com especial incidência no sistema calpaína. Meat Science 74 (1), 34-43.

Koohmaraie, M., Kent, M., Shackelford, S., Veiseth, E., Wheeler, T., 2002. Meat tenderness and muscle growth: is there any relationship? Meat Science, 62(3), 345-352.

Kramer, J.K.G., Fellner, V., Dugan, M.E.R., Sauer, F.D., Mossoba, M.M., Yuraweez, M.P., 1997. Avaliação dos catalisadores ácido-base na metilação dos ácidos gordos do leite e do rúmen, com especial ênfase nos dienos conjugados e nos ácidos gordos totais. Lipids, 32, 1219-1228.

Lawrie, R. A e Leward, D. A., 2006. Lawrie's meat science. Cambridge, Reino Unido: Woodhead Publishing Ltd. ISBN 978-1-84569-159-2;1-84569-159-8.

Longergan, E.H. e Lonergan, S. M., 2008. Interação entre a estrutura das miofibrilas e a amaciação proteolítica da carne de bovino In: Actas da 54th Conferência internacional sobre ciência e tecnologia da carne, Cidade do Cabo, África do Sul.

Maher, S. C., Mullen, A. M., Keane, M. G., Buckley, D. J., Kerry, J. P., Moloney, A. P., 2004. Variation in the eating quality of M. longissimus dorsi from Holstein-Friesian bulls and steers of New Zealand and European/American descent, and Belgian Blue x Holstein-Friesians, slaughtered at two weights. Livestock Production Science, 90, 271-277.

Maher, S.C., Mullen, A.M., Buckley, D.J., Kerry, J.P., Moloney, A.P., 2005. The influence of biochemical differences on the variation in tenderess of M. longissimus dorsi of Belgian Blue steers managed homogenously pre and post-slaughter. Meat science, 69, 215-224.

Mancini, R.A. & Hunt, M.C., (2005). Rewiew: Investigação atual sobre a cor da carne. Meat Science 71(1), 100-121.

Mboussi, A.M., Musongong, S., Nounamo, L., 2012. Desempenho de genótipos de feijão Bush introduzidos na zona agro-ecológica da floresta húmida dos Camarões: Revistas de Investigação em Ciências Agrárias Vol. 2(12), pp. 607-613, dezembro de 2012

Meghen, C.D.E., MacHugh, B.S., Kana, G., Bradley, D.G., 1999. Characterisation of Kuri Cattle of the Lake Tchad Molecular Gentic Techniques. In the origin and development of African Livestock. R.M. Blench e K.C. MacDonald (eds.) Londres: University College Press.

Mellau, L.S. e Nongaond, E.D., 2010. Estudo em matadouros sobre lesões hepáticas em bovinos, ovinos e caprinos abatidos em Arasha, Tanzânia. Journal of VetSci., 3: 179-188.Mwabonimana, M.F., 2008. Condenação do fígado de bovinos.

MINEPIA, 2002. Relatório de actividades de Janvier a Juin. DD/Vina. 26p

MINEPIA, 2008. Documento de Estratégia para a Redução da Pobreza. agosto de 2008, ppllO-114

Moss, R. I., Diffee, G., Greaser, M. I., 1995. Contractile properties of skeletal muscle fibers in relation to myofibrillar protein isoforms (Propriedades contrácteis das fibras musculares esqueléticas em relação às isoformas de proteínas miofibrilares). Reviews of Physiology Biochemistry and Pharmacology 126, 1-63.

Muchenje, V., Dzama, K., Chimonyo, M., Raats, J.G., Strydom, P. E., 2008a. Suscetibilidade a carraças e seus efeitos no desempenho do crescimento e nas caraterísticas da carcaça de novilhos Nugni, Bonsmara e Angus criados em pastagem natural. Animal, 2 :298-304.

Muchenje, V., Dzama, K., Chimonyo, M., Raats, J.G., Strydom, P. E., 2008b. Meat quality of Nguni, Bonsmara and Angus steers raised on natural pasture in the Eastern Cape, South Africa (Qualidade da carne de novilhos Nguni, Bonsmara e Angus criados em pastagens naturais no Cabo Oriental, África do Sul). Meat Science 79: 20-28.

Muchenje, V., Dzama, K., Chimonyo, M., Strydom, P. E., Hugo, A., Raats, J.G., 2009a. Alguns aspectos bioquímicos relacionados com a qualidade da carne de bovino e a saúde do consumidor: Uma revisão. Foof chemistry. 112: 279- 289.

Muchenje, V., Dzama, K., Chimonyo, M., Strydom, P. E., Raats, J.G., 2009b. Relação entre a reatividade ao stress pré-abate e a qualidade da carne de bovino em três raças bovinas. Meat Science. 81: 653-657.

Mullen, A. M., e Troy, D. J., 2005. Tecnologias actuais e emergentes para a previsão da qualidade da carne. In: J.F. Hocquette e S. Gigli (eds), indicators of beef and milk quality, Wageningen (Wageningen Academic publishers) 179-190.

Muir, P.D., Wallace, G.J., Dobbie, P. M., Bown, M. D., 2000. A comparison of animal performance and carcass and meat quality characteristics in Hereford, Hereford x sFriensian, and Friesian steers grazed together at pasture. New Zealand Journal of Agricultural Research, 43, 193-205.

Ndi, C., CIRAD, CTA e CEBEVIRHA, 2006. Mapa de distribuição espacial das raças bovinas na zona CEMAC.

Nicholson. M. J., Butterworth. M.H., 1986. A guide to Condition Scoring of Zebu Cattle, International Livestock Centre for Africa, Addis Ababa, Ethiopia.

Nigel. S., Jean-Francois. H., Karin, N., Dirk, D., Ian, R., Aidan, M., 2006. Inovação nos sistemas de produção de carne de bovino que melhoram o valor nutricional e sanitário dos lípidos da carne de bovino e a sua relação com a qualidade da carne. Meat Science 74, 17-33.

Njoya, A., Bouchel, D., NgoTama, A. A., 1997. System d'elevage et productivité des bovins en millieu Paysan. Agriculture des savanes du Nord- Cameroun : ver un développement solidaire des savanes d'Afruque Central. Montpellier. França. CIRAD-CA. Pp 109-121.

Offer, G., & Cousins, T. (1992). O mecanismo de produção de gotejamento - formação de 2 compartimentos de espaço extracelular no músculo postmortem. Journal of the Science of Food and Agriculture, 58, 107-116.

Padre, R.G., Aricetti, J.A., Gomes, S.T.M., deGoes, R.H.T.B., Moreira, F.B., Prado, I.N., Visentainer, J.V., de Zouza, N.E., Matsushita, M., 2006. Análise de ácidos graxos no músculo longissimus de novilhos de diferentes raças genéticas terminados em sistema de pastejo. Livestock Science, doi: 10.1016/j.livsci.2006.10.004.

Pamo, T.E e Pieper, R.D., 2000. Introduction to range management in free and open access environments of sub-Saharan Africa. Haia, Países Baixos. Pp 5.

Pamo, E.T., 2008. Perfil dos recursos de pastagem/forragem do país: Cameroon, In: J.M. Suttle e S.G. Reynolds (ed.), Country Pasture Profile. Organização das Nações Unidas para a Alimentação e a Agricultura, Roma, Itália.

Park, G.B., Moon, S.S., Ko, Y.D., Ha, J.K., Lee, J.G.,Chang, H.H., Joo, S.T., 2002. Influência do peso de abate e do sexo no rendimento e nos graus de qualidade das carcaças de Hanwoo (gado nativo da Coreia). J. Anim. Sci. 80: 129-136.

Pethick, D.W., Pleasants, A.B., Gee, A.M., Hopkins, D.L., e Ross, L.R., 2006. Eating quality of commercial meat cuts from Australian lambs and sheep (Qualidade alimentar de cortes de carne comerciais de cordeiros e ovelhas australianos). Actas da Sociedade Neozelandesa de Produção Animal, 66, 363-367.

Piasentier, E., Bovolenta, S., Moioli, B., Orru, L., Valusso, R., Corazzin, M., 2009. Fatty acid composition and sensory propertiesof Italian Simmental beef as affected by genes frequency of Montbelliarde origin. Meat Science, 83, 543-550.

Pitchford, W.S., Deland, M.P.B., Siebert, B. D., Malau-Aduli, A.E.O., Battema, C.D.K., 2002. Genetic variation in fatness and fatty acid composition of crossbred cattle (Variação genética na gordura e na composição de ácidos gordos de bovinos cruzados). J. Anim. Sci. 80, 2825-2832.

Planchenault, T., 1992. Inquérito sobre a produtividade do sector do peixe nos Camarões, MINEPIA. Cameroun. CIRAD.EMVT, Montpellier França 249p

Priolo, A., Micol, D., Agabriel, J., 2001. Effects of grass feeding systems on ruminant meat colour and flavour. A review. Animal Research, 50, 185-200.

Raes, K., Balcean, A., Dirink, P., De Winne, A., Claeys, E., Demeyer, D., 2003. Qualidade da carne, composição em ácidos gordos e análise do sabor da carne de bovino belga vendida a retalho. Meat Science, 65, 12371246.

Raloff, J., 2003. Food for thought: Tendências alimentares globais. Science News Online. 31 de maio de 2003.

Razminowicz, R.H., Kreuzer, M., Scheeder, M.R.L., 2006. Qualidade da carne de bovino a retalho proveniente de dois sistemas de produção à base de erva em comparação com a carne de bovino convencional. Meat Science, 73,351-361.

Realini, C.E., Duckett, S.K., Brito, G.W., Dalla Rizza, M., Mattos, D., 2004. Efeito da alimentação a pasto vs. concentrado com ou sem antioxidantes nas caraterísticas de carcaça, composição de ácidos graxos e qualidade da carne bovina uruguaia. Ciência da Carne, 66,567-577.

Rege, J.E.O., 1999. O Estado dos Recursos Genéticos do Gado Africano 1. Quadro de classificação e identificação de raças ameaçadas e extintas. FAO / UNEP Boletim de Informação sobre Recursos Genéticos Animais. 25, 1-25.

Rege, J.E.O., Aboagye, G. S., Tawah, C. L., 1994. Shorthorn cattle of West and Central Africa (Bovinos de raça curta da África Ocidental e Central). World Animal Review, 78, 2-48.

Richard, J. R., Aaron, S., Richard, N. F., 2007. Avaliação da condição corporal de vacas de carne. Instituto de Agricultura e Recursos Naturais. EC281:4.

Ripoil, G., Blanco, M., Aberti, P., Panea, B., Joy, M., Casasus, I., 2014. Efeito de duas raças espanholas e dieta na qualidade da carne bovina, incluindo as preferências do consumidor. J. Sci. Food. Agric. 94, 983992.

Rohrle, F.T., Moloney, A.P., Osorio, M.T., Luciano, G., Priolo, A., Caplan, P., Monahan, F.J., 2011. Medições de carotenóides, cor e reflectância no tecido adiposo bovino para discriminar entre carne bovina de diferentes sistemas de alimentação. Meat Sci. 88:347-353.

Ruiz, M.R., Matsushita, M., Visentainer, J.V., Hernandez, J. A., De Ribeiro, E.L., Shimokomaki, M., Reeves, J.J., De Souza, N.E., 2005. Composição química aproximada e perfil de ácidos gordos do longissimus thoracis de touros Bos indicus alimentados com LHRH imunocastrados, castrados e intactos. S.Afr. J. Anim. Sci. 35-18.

Salifou, C.F.A., Dahouda, M., Houaga, I., Picard, B., Hornick, J.L., Micol, D., Kassa, S.K., Farougou, F., Mensah, G.A., Clinquart, A. & Youssao, A.K.I., 2013. Caraterísticas musculares, maciez da carne e qualidades nutricionais de touros Borgou, Lagunaire e zebu Fulani criados em pastagens naturais no Benim. Int. J. Anim. Vet. Adv. 5, 143-155.

Sanudo, C., Macie, E.S., Olleta, J,L., Villarroel, M., Panea, B., Alberti, P., 2004. Os efeitos do peso de abate, do tipo de raça e do tempo de envelhecimento na qualidade da carne de bovino utilizando dois dispositivos de textura diferentes. Meat Science, 66, 925-932.

Saveli, J.W., e Cross, H.R., 1988. The role of fat in the palatability of beef, pork, and lamb. In: Designing foods:animal product options in the marketplace. Ed. National Academy Press, Washington, D.C., EUA.

Seideman, S.C., Cross, H.R., Smith, G.C., Durland, P.R., 1984 Factores que afectam a cor da carne fresca: uma revisão. Journal of Food Quality 6, 211-237.

Shackelford, S. D., Koohmaraie, M., Miller, M. F., Crouse, J. D., & Reagan, J. O. (1991). Uma avaliação da maciez do músculo Longissimus de Angus por Hereford versus novilhas cruzadas Brahman. Journal of Animal Science, 69, 171-177.

Shorthose, W.R., Harris, P.V., 1991. Efeito do crescimento e da composição na qualidade da carne. Em A. M. Pearson e T.R. Dutson (Eds.). Growth regulation in farm animals (Vol. 17, pp. 515555). Londres e Nova Iorque: Elsevier Applied Science.

Silverthorn, D. U., Ober, W. C., Garrison, C. W., Silverthorn, A. C., 2001. Human physiology an integrated approach.

Upper Saddle River, New Jersey: Prentice-Hall Inc.; 2nd Edition.

Simopoulos, A. P., 2004. Relação entre ácidos gordos essenciais ómega 6 / ómega 3 e doenças crónicas. Food Rev. Int. 20, 77-90.

Simopoulos, A.P., Leaf, A., Salem, N., 1999. Essentiality of fatty acids and recommended dietary intakes for omega-6 and omega-3 faty acids. Annals of Nutrition and Metabolism, 43, 127130.

Strydom, P.E., 2008. Será que as raças bovinas autóctones africanas têm a genética correta para a produção comercial de carne de qualidade? Meat science 80, 86-93.

Strydom, P.E., Naude, R.T., Smith, M.F., Scholtz, M.M., van Wyk, J.B., 2000. Characterisation of indigenous African cattle breeds in relation to meat quality traits. Meat Science, 55, 79-88.

Sukhija, P. S., Palmquist, D. L., 1988. Rapid method for determination of fatty acid content and composition of feedstuffs and feces. Journal Agricultural of Food Chemistry, 36,1202-1206.

Syrstad, O., 2006. Avaliação de animais de duplo objetivo (leite e carne). In Influence of climate on livestock breeding (Influência do clima na criação de gado). Repositório corporativo da FAO 1 -5

Tawah, C.L., Mbah, D.A., Rege, J.E.O., Oumate, H., 1993. Avaliação genética do peso ao nascimento e ao desmame de Gudali e da população de bovinos de carne Wakwa sintéticos de duas raças em seleção nos Camarões: parâmetros genéticos e fenotípicos. Produção animal, 57,385-393.

Tawah, C.L., Rege, J. E. O., 1996. White Fulani cattle of West and Central Africa (Gado Fulani Branco da África Ocidental e Central). Animal Genetic Resources Information Bulletin. 17, 137-158.

Tawah, C.L., Rege, J.E.O., 1996. Gudali cattle of West and Central Africa (Gado Gudali da África Central e Ocidental). Animal Genetic Resources Information. 17,159 -178.

Tchoumboué, J. e Manjeli, Y., 1991. Situation et problématique de l'élevage bovin au Cameroun. Departamento de zootecnia do Centro Universitário de Dschang, 24p.

Teleu, N. E., 2008. Elevage et industries animales au Camerroun : Etats des lieux et perspectives d'actions prioritaires. 103p.

Tham, K. M. e Sheikh-Omar, A.R., 1981. A study on causes of condemnation of carcass and organs at Shah Alam abattoir (Estudo sobre as causas da condenação de carcaças e órgãos no matadouro de Shah Alam). Pertanika 4(1) páginas 43-46.

Thompson, J. M., Perry, D., Daly, B., Gardner, G. E., Johnston, D J., Pethick, D.W., 2006. Genetic and environmental effects on the muscle structure response post-mortem. Meat Science 74 (1), 59-65.

Tolumn, A. (2004),[4] Perda de vitelos devido ao abate de vacas prenhes: "Um caso particular no matadouro de Yaoundé (Camarões)" Tropical Veterinarian. 37:62-75.

Troy, D.J. & Kerry, J.P. (2010). Consumer perception and the role of science in the meat industry. Meat Science 86(1), 214-226.

Vesterguard, M., Oksbjerg, N., Henckel, P., 2000. Infleunce of feed intensity, grazing and finishing feeding on muscle fibre characteristics and meat colour of Semitendinosus, longissimus dorsi and supraspinous muscles of young bulls. Meat Science,

54, 177-185.

Vesterguard, M., Therkildsen, M., Henckel, P., Jensen, L.R., Andersen, H.R., Sejrsen, K., 2000. Influence of feeding intensity, grazing and finishing feeding on meat and eating quality of young bulls and the relationship between muscle fibre characteristics, fibre fragmentation and meat tenderess. Meat Science, 54, 187-195.

Vlaeminck, B., Fiavez, V., Cabrita, A.R.J., Fonseca, A.J.M., Dewhurst, D., 2006. Factores que afectam os ácidos gordos de cadeia ímpar e ramificada no leite: A review. Anim. Feed Sci. Technol. 131,389-417.

Voester, M ,. 2007. Desempenho do crescimento, caraterísticas da carcaça e qualidade da carne de novilhos Nguni, Bonsmara e Angus criados em pastagem natural. Tese de doutoramento do Departamento de Pecuária e Pastagens, Escola de Agricultura e Agronegócios, Faculdade de Ciências e Agricultura, Universidade de Fort Hare, páginas 13 e 28.

Watson, R., Gee, A., Polkinghorne, R., e Porter, M., 2008. Consumer assessment of eating quality - Development of protocols for Meat Standards Australia (MSA) testing Australian Journal of experimental agriculture, 48(11), 1360-1367.

Webb, E.C., e Erasmus, L.J., 2013. O efeito do sistema de produção e das práticas de gestão na qualidade dos produtos à base de carne de ruminantes. S. Afr. J. Anim. Sci. 43, 413-423.

Weeks, C. A., McNally, P. W., & Warriss, P. D., (2002). Influence of the design of facilities at auction markets and animal handling procedures on bruising in cattle (Influência da conceção das instalações dos mercados de leilão e dos procedimentos de manuseamento dos animais nas contusões dos bovinos). Veterinary Record, 150, 743-748.

Wood, J. D., Richardson, R.I., Nute, G.R., Fisher, A.V., Campo, M.M., Kasapidou, E., Sheard, P.R., Enser, M., 2003. Effect of fatty acids on meat quality: a rewiew. Meat Science, 66, 21-32.

Yancey, J.W.S., Wharton, M.D., Apple, J. K., 2011. O método de cozedura e a temperatura final podem afetar a força de cisalhamento Warner-Bratzler, a perda de cozedura e a cor interna cozinhada dos bifes de longisssimus Meat Science 88(1), 1-7.

Yendji, B., 2000. Caractéristiques socio-economiques des eleveurs et techniques d'elevage bovin sur les hautes terres de l'ouest Cameroun : Cas du departement de la Menoua. Relatório do engenheiro agrónomo. Uds. 77p.

Young, O. A., West, J., Hart, A.L., van Otterdijk, F.F.H., 2004. Um método para a determinação precoce do pH final da carne. Meat science 66, 493-498.

Zapletal, D., Chladek, G., e Subrt, J., 2009. Variação da raça na composição química e de ácidos gordos do músculo longissimus dorsi em bovinos Czecsh Fleckvieh e Montbeliarde. Livestock Science, 123, 28-33.

Zhang, S. X., Farouk, M. M., Young, O. A., Wieliczko, K. J., Podmore, C., 2005. Estabilidade funcional da carne de vaca congelada com pH normal e elevado. Meat Science, 69, 765-772.

Zorzi, K., Bonilha, S.F.M., Queiroz, A.C., Branco, R.H., Sobrinho, T.L., Duarte, M.S., 2013. Qualidade da carne de novilhos Nelore com baixo e alto consumo alimentar residual. Ciência da Carne 93(2013)593-599

APÊNDICES

Anexo 1 : Esquema de avaliação das carcaças do zebu camaronês

Cor da gordura subcutânea

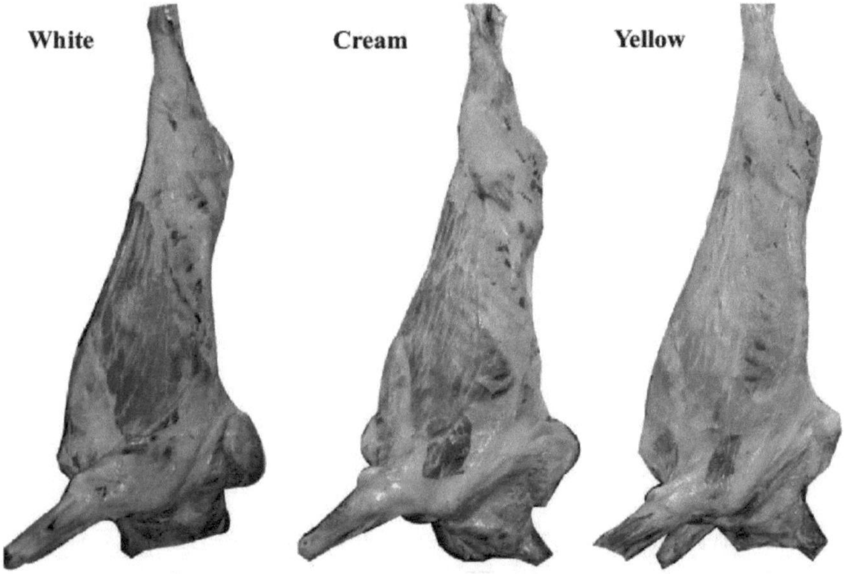

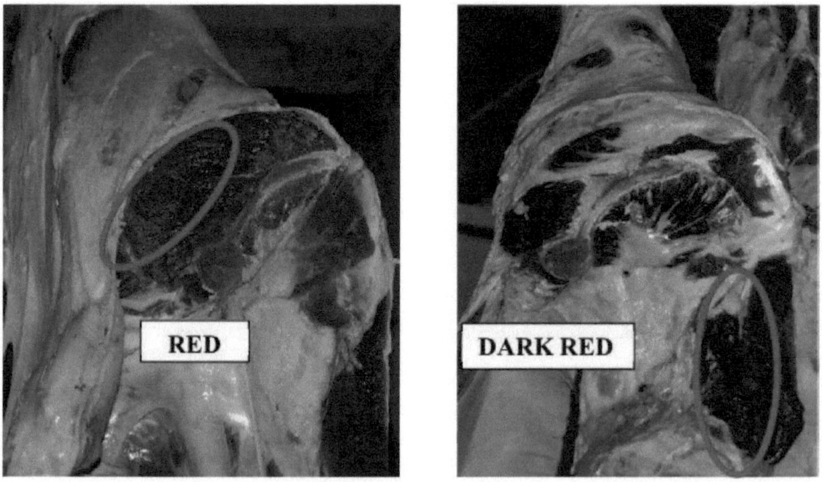

Avaliação da cor magra

Confirmação da carcaça

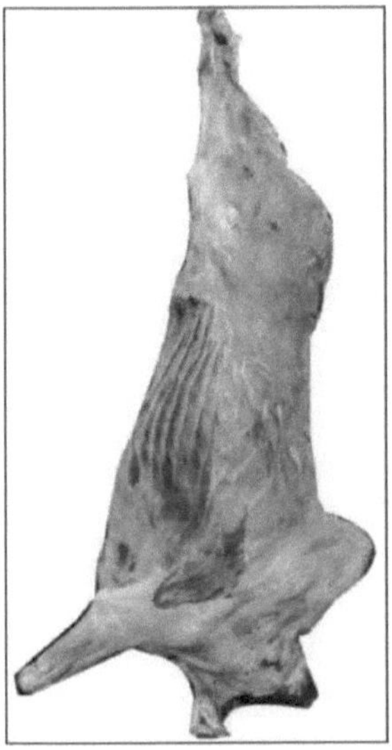

Regular (R) ou Bom

Redondo: bem desenvolvido.

Alcatra: ligeiramente arredondada.

Face superior: ligeiramente arredondada.

Dorso: Ainda grosso, mas menos largo nos ombros.

Ombro: bastante desenvolvido.

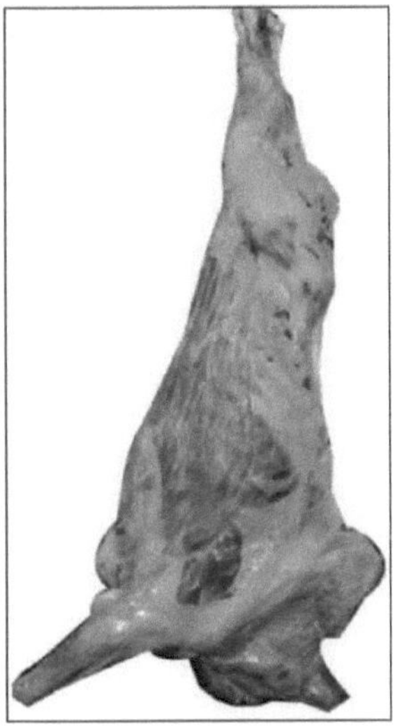

Ordinário (O) ou Razoável

Perfis: Reto a côncavo,

desenvolvimento muscular médio.

Redondo: desenvolvimento médio a desenvolvimento insuficiente.

Alcatra: ligeiramente perfilada.

Dorso: de espessura média a pouco espessa.

Ombro: Desenvolvimento médio a quase plano.

Existem três categorias para esta classe observadas nos Camarões

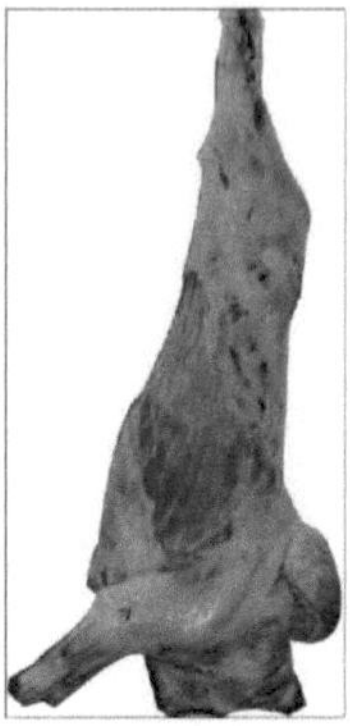

Low Ordinary

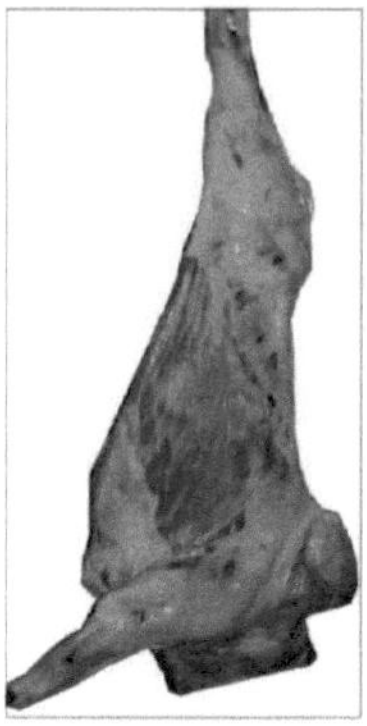

Middle Ordinary

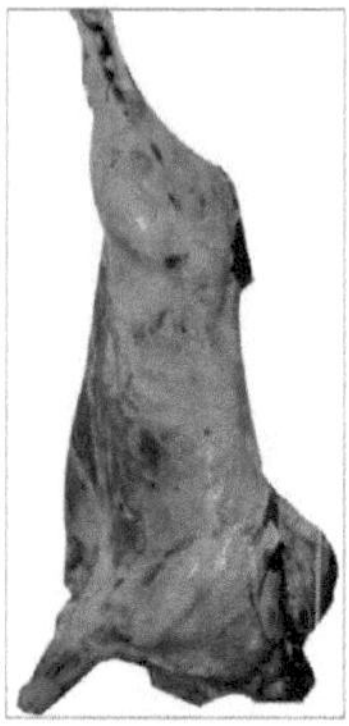

High Ordinary

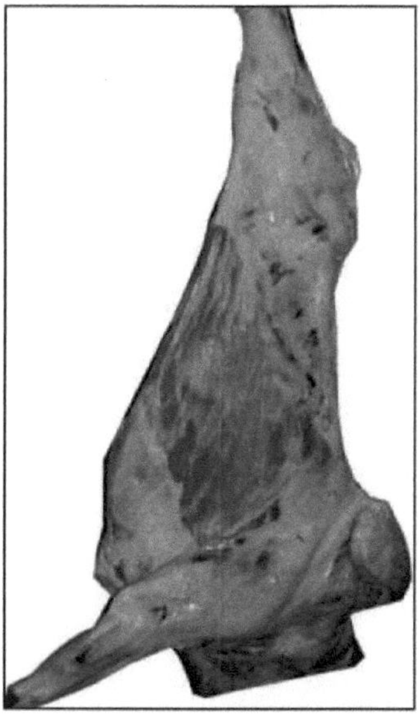

Pobre(P)

Todos os perfis: Côncavo a muito côncavo, fraco desenvolvimento muscular.

Redondo: pouco desenvolvido.

Dorso: Estreito com ossos visíveis.

Ombro: Plano com ossos visíveis.

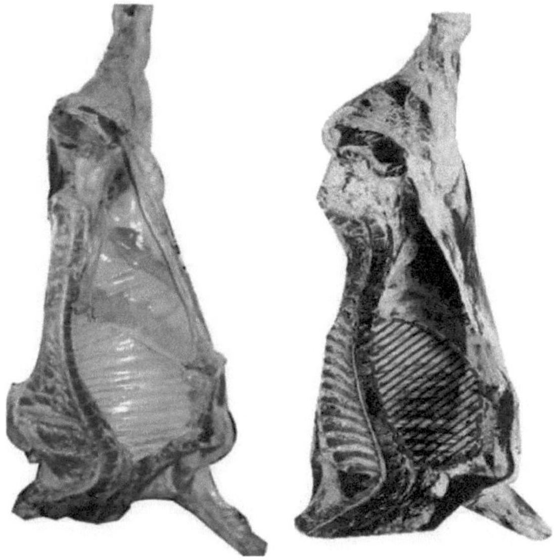

Cobertura de gordura **média**: Ligeira, carne visível em quase todo o lado

(Por N. M. Bawe)

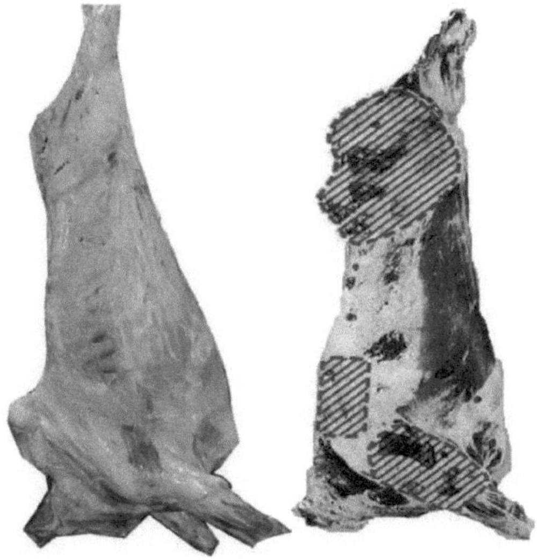

Meio Dentro da cavidade torácica: o músculo é claramente visível entre as costelas

Alta: Cobertura de gordura: carne coberta de gordura, mas na coxa e na pá a carne é parcialmente visível; as costuras de gordura na coxa são proeminentes

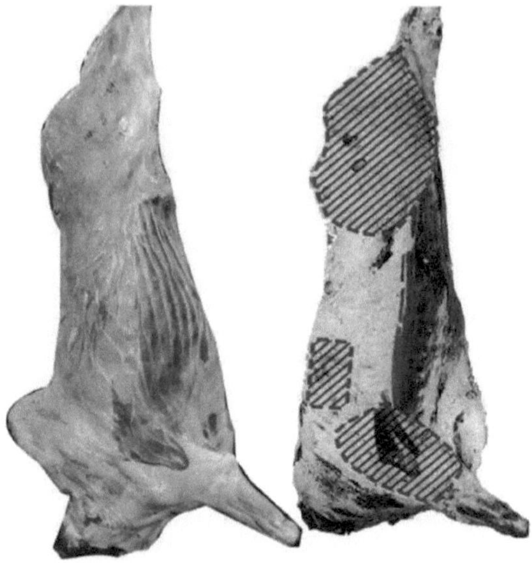

Alto: Na cavidade torácica: alguns depósitos de gordura caraterísticos, o músculo entre as costelas pode estar infiltrado de gordura

Anexo 2: Fotografias das diferentes patologias identificadas

As figuras seguintes apresentam alguns casos patológicos identificados durante este estudo.

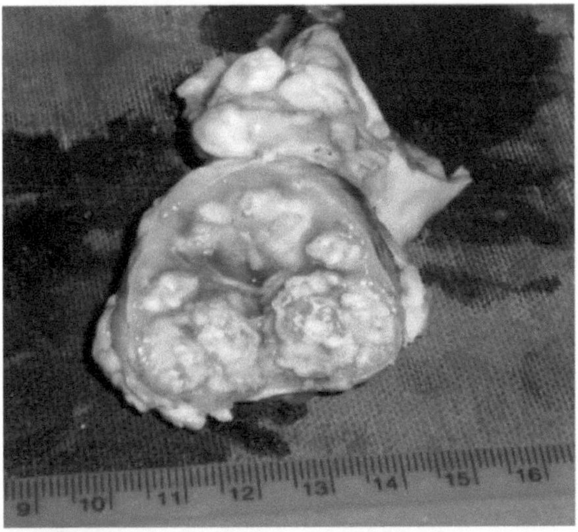

Linfoadenite granulomatosa por tuberculose (Mpco6acferzMrn *sp.*)

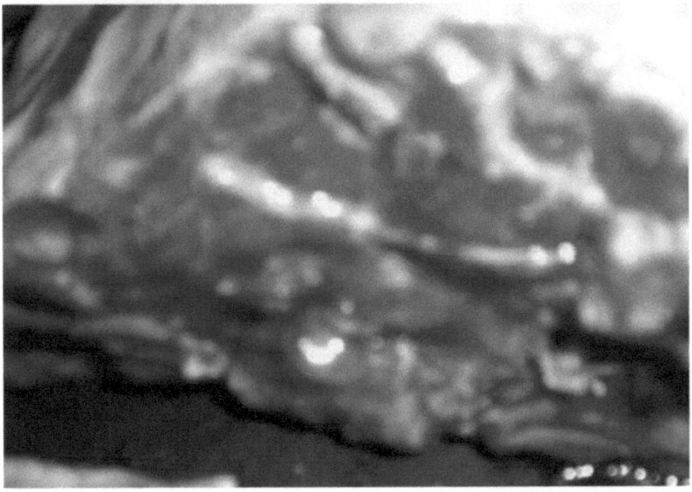

Complexo pulmonar primário (Tuberculose)

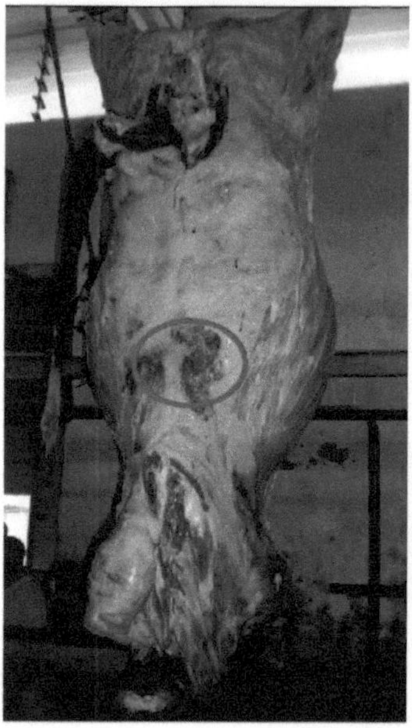

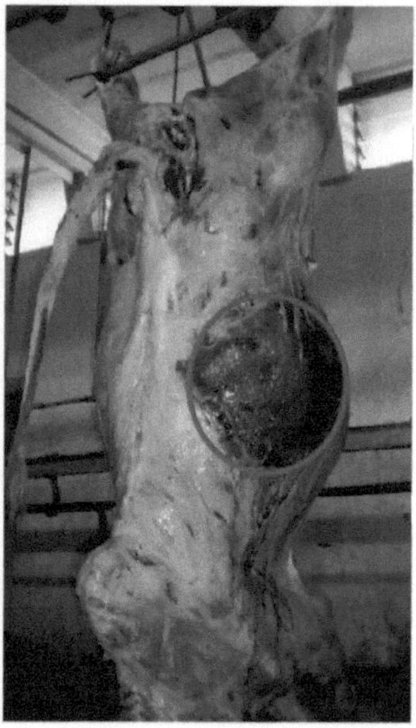

Lesão hemorrágica subcutânea

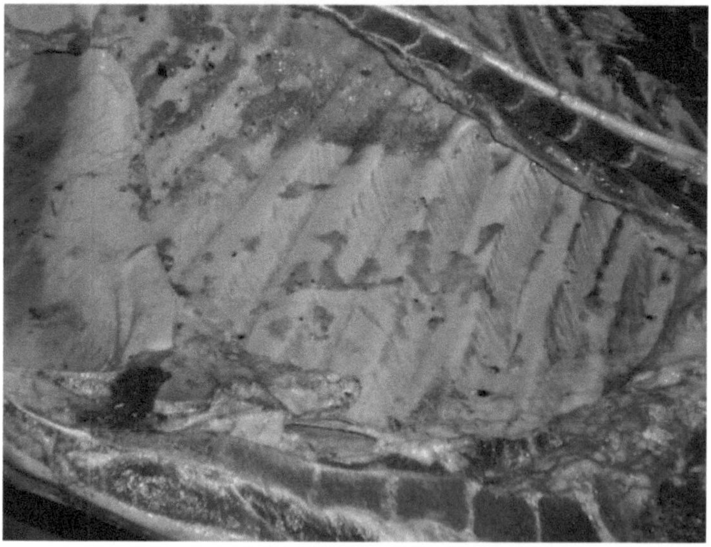

Piretai pleural com pleurite purulenta

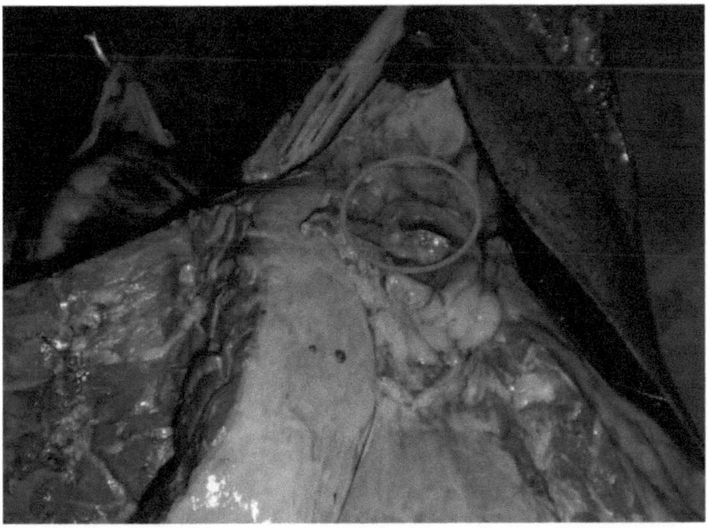

Linfoadenomegalia de cor esverdeada *(parasita pulmonar)*

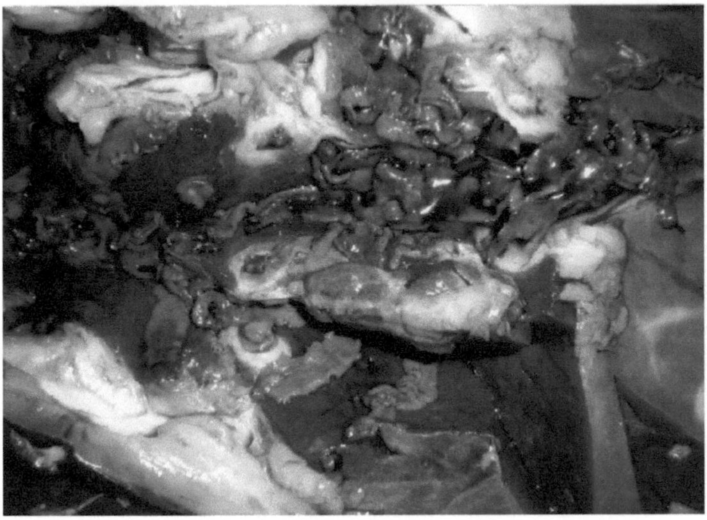

Pericardiose purulenta e extensão da pleurite purulenta (septicémica)

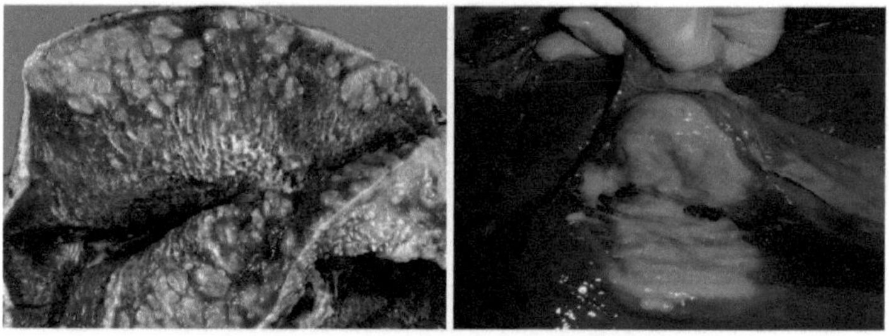

Actinomicose da lesão piogranulomatosa da língua

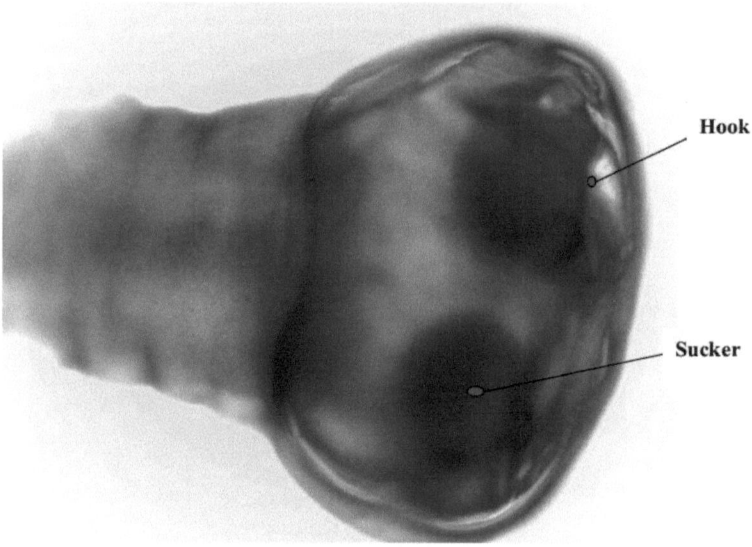

Espécies de Moniezia (Scolex)

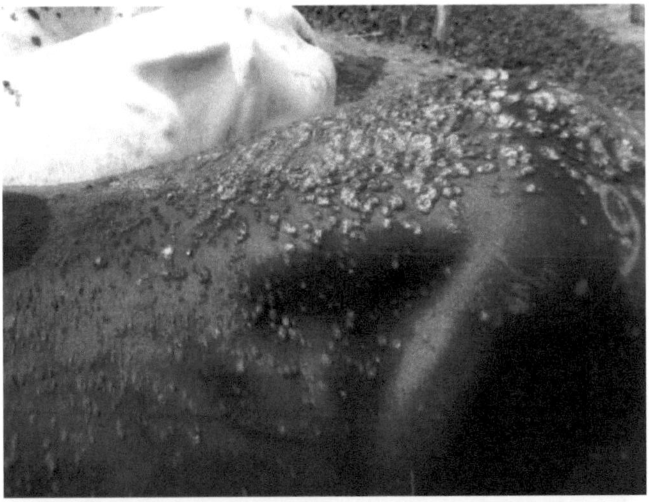

Animais com lesões crostosas semelhantes a fungos na pele

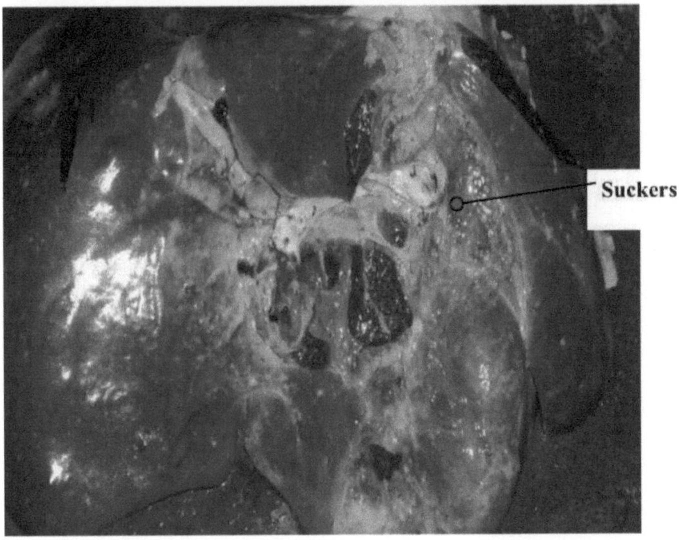

Cirrose hepática

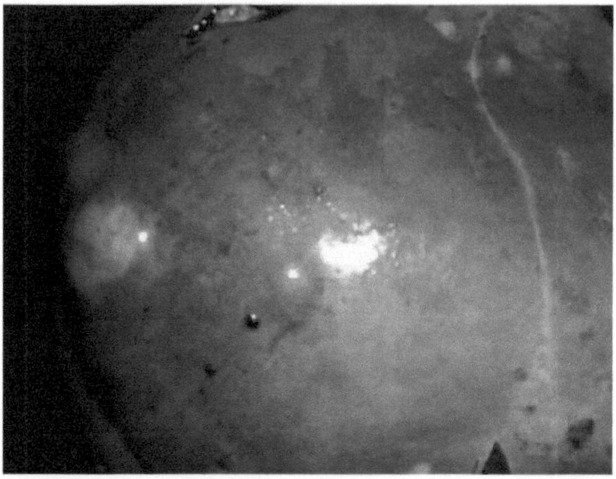

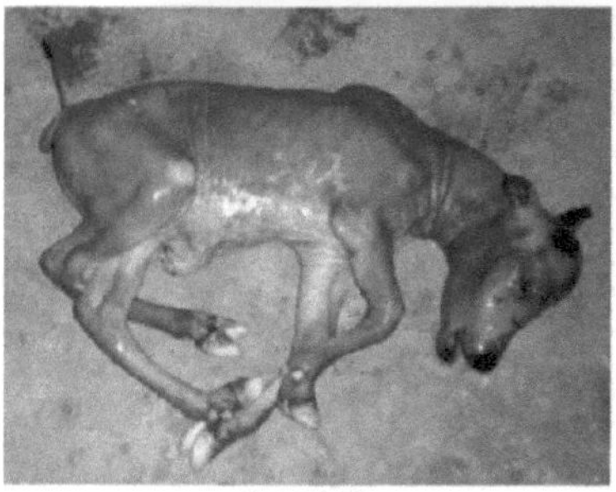

3 months

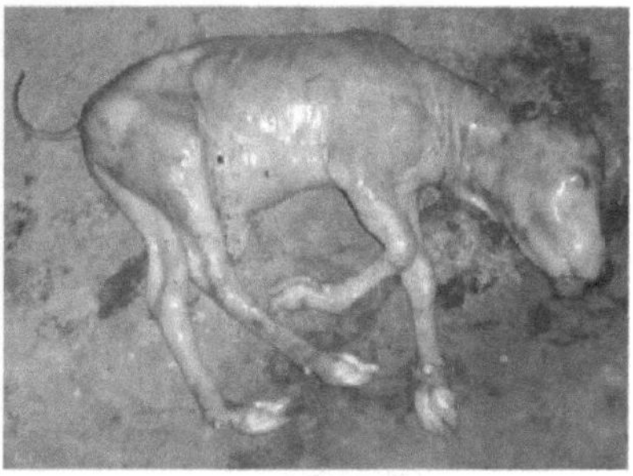

4 months

Fetos (3 e 6 meses de idade) retirados de vacas abatidas

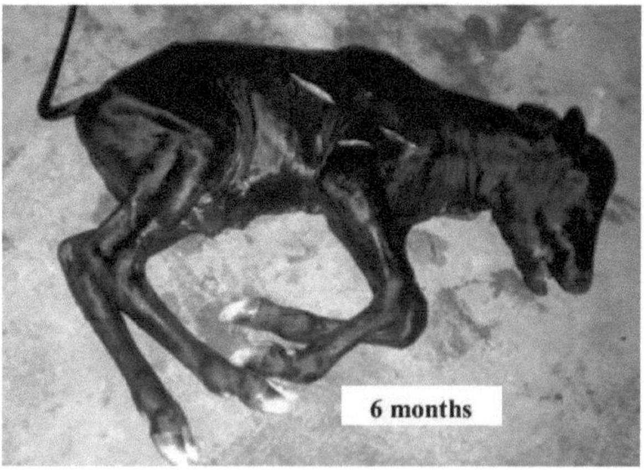

Feto (6 meses de idade) retirado de uma vaca abatida

Anexo 5: Cortes de carne de bovino zebu SODEPA nos Camarões

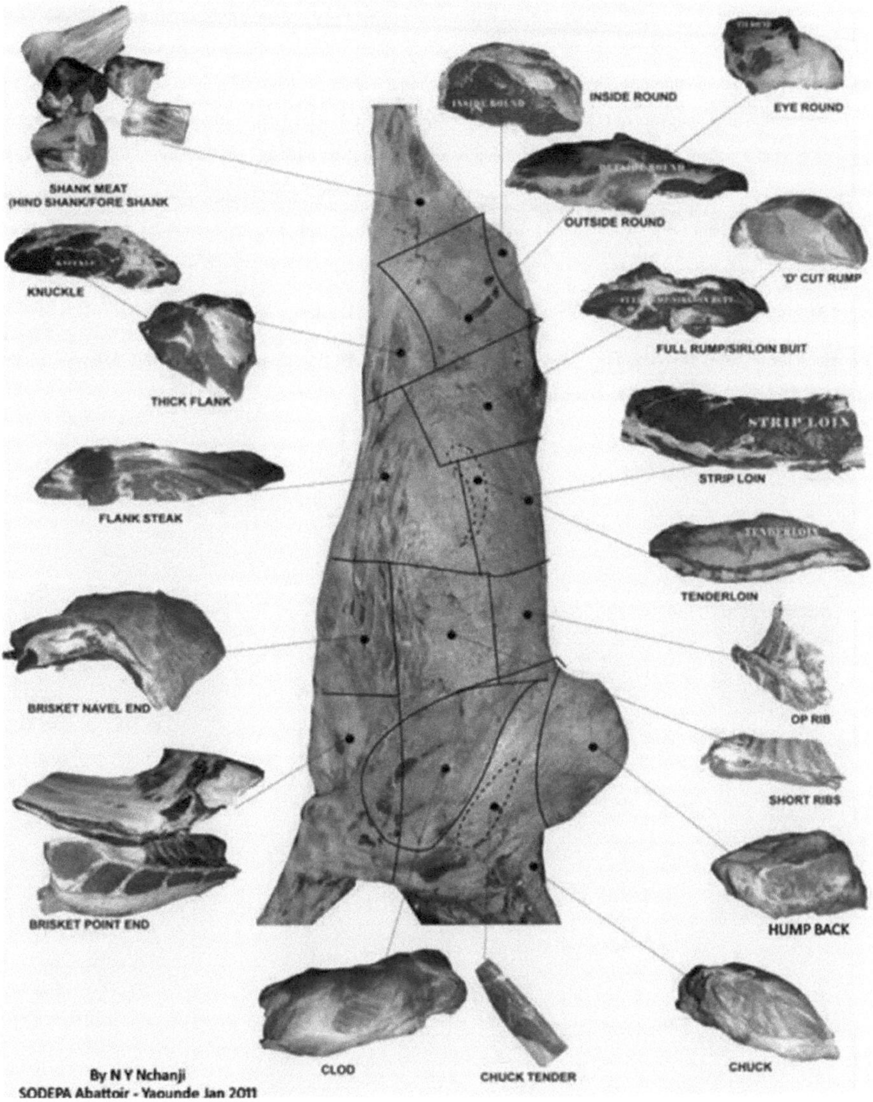

A carne de bovino é a carne mais consumida nos Camarões. Embora a oferta de carne de bovino não seja suficiente para a população nacional, uma grande quantidade de gado é fornecida à maioria dos países da região da África Central. Existe muito pouca documentação sobre as caraterísticas do gado e nenhuma informação sobre a qualidade e a segurança da carne produzida. Assim, poderá a carne de bovino dos Camarões cumprir as normas e manter-se competitiva no mercado internacional? SIM! Tal como foi referido neste trabalho, os Camarões têm oportunidades incríveis para o desenvolvimento sustentável do seu sector de carne de bovino e podem satisfazer convenientemente a procura cada vez mais elevada de carne de bovino de excelente qualidade, graças à sua enorme diversidade de recursos naturais, humanos e infra-estruturais ricos. Para o conseguir, é necessário um reajustamento das políticas e estratégias de desenvolvimento nacional com base na exploração das informações aqui fornecidas.

Florence Anyangwe Fonteh, Professora-Investigadora - Universidade de Dschang (Camarões)

Mohamadou Bawe Nfor, investigador - Universidade de Dschang/SODEPA (Camarões) **Abdoulay Mfewou,** professor-investigador - Universidade de Dschang (Camarões)

MIX
Papier aus verantwortungsvollen Quellen
Paper from responsible sources
FSC® C105338

Printed by Books on Demand GmbH, Norderstedt / Germany